U0030170

牛頓的蘋果如何啟發重力法則、
相對論、量子論等重大物理學觀念

The
Ascent of
Gravity

長銷改版

蕭秀姍　譯

Marcus Chown
馬可士‧鍾

重力簡史

The Quest to Understand
the Force that
Explains Everything

導讀

大自然奧祕的解答，就存於好奇心中

—— 國立清華大學天文研究所專任教授　江國興

　　小時候，我的爸爸總愛講一些科學家的故事，也許這就促使我從小就十分喜愛科學，以及對科學家的生平事蹟產生興趣。我印象最深刻的故事是阿基米德的「Eureka！」（我發現了！）及牛頓的蘋果樹。雖然這兩個故事可能都是虛構的，但可以確定的是，阿基米德和牛頓都有著如故事中驚人的洞察力和聯想力，再配合他們非凡的數學才華，使他們成為偉大的科學家。

　　《重力簡史》一書便從牛頓的蘋果樹開始說起。時至今日，那棵蘋果樹仍立於英國林肯郡的伍爾索普莊園，還成為英國50棵最重要的樹之一。在伍爾索普莊園內，牛頓改寫了現代科學，他不到2年便發明微積分，以及完成光學和萬有引力的研究。雖然牛頓的學術成就很早已在學術界得到認同，在離開莊園後隨即成為劍橋大學教授和皇家學會院士，但他偉大的萬有引力理論，要待20年後才正式發表。

　　這本書的第一及第二章便試圖分析箇中原因。牛頓除了個

性複雜且矛盾，更是位實用和完美主義者。雖然他早已發現讓蘋果掉下來的力量，與讓月亮掛在天空的力量，都源於同一種力。他必須證明重力是種萬有力，主宰宇宙一切物體的運動，並以精準的數學語言描述，更要說服自己這的確是一套完美的理論。因為哈雷的一個問題，牛頓再次投入重力的研究，更精益求精，將成果以臻於完美的方式呈現。這便是1687年出版的《自然哲學的數學原理》，而哈雷彗星更是牛頓的運動定律與重力定律的最佳驗證。今天，哈雷的房子和天文台仍保留在牛津大學城內，每次我回到校園時，總會到他的故居緬懷他當年鼓勵牛頓發表其偉大著作，促使現代科學的發展。

　　牛頓的重力定律不只具有普遍性，還很簡單。這就是科學的美。重力平方反比定律，可以解釋行星的運動、尋找新的行星，甚至太陽系外行星、測量銀河系中心黑洞的質量，以至推算暗物質的分布。坊間很多探討重力的科普書籍都有精采的描述，但這本書的最大特色是，作者花了很多的篇幅論述重力與潮汐的關係。潮汐跟我們日常生活息息相關，特別是台灣四面環海，河流貫穿大城市，潮汐預報更不可或缺。牛頓便是第一個以完備的理論解釋潮汐因由的科學家。書的第三章除了討論牛頓怎樣利用萬有引力理論預估漲退潮時間，更比較月亮與太陽對潮汐的作用，以及潮汐對井水和大型強子對撞機的影響，最後更延伸到太陽系內其他衛星。事實上，在宇宙裡所有雙星系統都不能忽略潮汐力。

　　牛頓的研究和著作打開現代科學的大門，而1846年發現的海王星更將牛頓的萬有引力理論推至極致。可是問題終於來了，牛頓的重力理論未能解釋水星的異常軌道。雖然這是一個有趣的問題，但在愛因斯坦之前，沒有人意識到這是源於牛頓對時間和空間概念的誤解。

　　愛因斯坦的事蹟和科學成就在本書的第五、第六，以及部分的第七章有簡單的描述，篇幅明顯比牛頓的少。可能是因為坊間已有大量與愛因斯坦有關的科普書籍，但重點是作者帶出愛因斯坦跟牛頓作為偉大科學家的特徵，以及他們對科學的態度。愛因斯坦跟牛頓一樣，是一位專注力十分高的科學家。書中提到1905年是愛因斯坦的「奇蹟年」，愛因斯坦花了幾個月就完成4篇重要的科學論文，其中光電效應為他贏得了1921年的諾貝爾物理學獎，而狹義相對論和質能轉換更奠定相對論的基礎，當中$E=mc^2$更是家喻戶曉的方程式。愛因斯坦放棄牛頓的絕對空間與絕對時間概念，推翻牛頓的世界觀，用自己的一套想法全新演繹現代物理。

　　雖然牛頓與愛因斯坦的時代背景完全不同，但他們石破天驚的發現有一些相似的地方。牛頓的「奇蹟年」是在與世隔絕的伍爾索普莊園，當時他剛從劍橋大學畢業，為躲避鼠疫而回家；而愛因斯坦的「奇蹟年」，是他找不到大學職位，只能在瑞士伯恩專利局當三級技術專員。也許是生活乏味枯燥，讓他們驚人的專注力花在研究上。他們問了一些很基本、很簡單的

問題，然後放在心裡，時時刻刻專注思考，直至得到滿意的答案。牛頓受到伽利略的啟發，發展出三大「運動定律」，進而解釋克卜勒定律和發現萬有引力定律，還自創微積分這門數學工具（與德國數學家萊布尼茲同期但各自獨立發明微積分）。發現過程雖然不到2年，但編撰成書卻耗時20年。愛因斯坦則延伸伽利略的相對性原理，屏棄牛頓的絕對空間和絕對時間概念，找到光速恆定，從而解答他16歲時問的一個問題：「如果能夠追上光，那會是什麼樣子？」也就是說，這個問題在他心中有10年之久。牛頓解答了克卜勒從觀測歸納出來的行星運動，並推廣其理論到其他科學領域，愛因斯坦則回答了光的本質，徹底改變物理學的基礎。

　　因狹義相對論不能應用在加速的環境，加上光速恆定跟牛頓的重力定律在概念上有所衝突，愛因斯坦必須將相對論廣義化。從狹義相對論到廣義相對論，愛因斯坦花了接近10年的時間，專注的研究工作更導致日後的家庭問題，其中最主要的目的是要解釋重力的本質。牛頓將重力想像成平方反比定律，兩個物體之間必定有一道「力」牽引著，但就沒有說明這道「力」到底是什麼。愛因斯坦將重力化身為時間和空間的扭曲，不僅如此，物質能改變時空的形狀，而時空的形狀又主導物質移動的方式。這是廣義相對論最奧妙之處。

　　廣義相對論發表後，愛因斯坦隨即要解答重力的傳播問題，亦即時空結構中的波動，也就是第六章討論的重力波。重

力波無疑是廣義相對論其中一個最重要的驗證，科學家努力了100年，終於在2015年9月14日首次偵測到重力波。這本書剛好在2016年2月的重力波發布會之後出版，在前言和第六章都有介紹這次發現的重要性。過去2年，重力波的觀測可謂突飛猛進，至2017年8月為止，科學家共找到5個來自雙黑洞合併所產生的重力波。而在2017年8月17日，更發現首個雙中子星合併的重力波，並找到來自合併所釋放的電磁波輻射，也就是光子，使我們更了解中子星合併後的演化過程，這是一次史無前例的觀測。而3位來自雷射干涉重力波天文台（LIGO）團隊的靈魂人物，更獲得2017年的諾貝爾物理學獎。待LIGO在2018年年底經升級後再次運作時，重力波的研究將大放異彩。

　　廣義相對論將現代物理學推向新的高峰，但同時帶來新的問題。廣義相對論可以推導出黑洞和大霹靂，它們的共通點是奇異點的存在。由於奇異點的重力是無限大，換句話說，時空扭曲至無法描述，廣義相對論因此面臨重大危機。要了解奇異點的物理，我們要結合廣義相對論和量子論，也就是量子重力論。可惜的是，廣義相對論和量子論的本質並不相容。書末兩章便介紹量子重力論的最新發展。我們可以預期，這套更深層的理論，將會幫助我們進一步了解宇宙誕生之謎。

　　牛頓和愛因斯坦同樣被掉下來的東西吸引著，透過思想實驗，造就了驚人的發現，更用一套漂亮的數學語言使之呈現。科學之所以引人入勝，就是你永遠不會知道正確答案，而你的

Part 2 愛因斯坦

Part 3　超越愛因斯坦

獻給 Mike 與 Claire、Val 與 Pat、Maureen 與 Pete

前言
關於重力，你可能不知道的6件事

1. 因為重力，你口袋中的錢幣，還有大街上與你擦身而過的人，與你有了相互的吸引力。

2. 整個地球的重力是如此微弱，以致當你舉起手臂，它無法對抗你的肌力。

3. 雖然重力十分微弱，但在宏觀世界中卻無可抵抗，因為它掌握了整個宇宙的演化與命運。

4. 每個人都認為重力沒什麼，但在宇宙的多數情況中，它極為強大。

5. 若在宇宙大霹靂（big bang）之後，重力沒有「開啟」，時間可能會倒轉。

6. 唯有了解重力，我們才得以解答世界的大哉問：宇宙從何而來？

在路易斯安那州利文斯頓（Livingston）和華盛頓州漢福德（Hanford）兩地，各有一把4公里長的雷射尺。2015年9月14日，美國東部夏令時間早上5點51分，有股波動首先穿過利文斯頓，6.9微秒後傳遞至漢福德。這股波動毫無疑問就是重力波；愛因斯坦在一百年前就已經預測出重力波的存在，重力波

即是「時空結構中的波動」。

　　過去，當地球上只有細菌大小的生物，在極為遙遠的星系中，2個有如怪獸、被鎖在死亡螺旋（death-spiral）中的黑洞，彼此產生最後一次振盪。它們碰觸並結合之時，造成整整3個太陽質量（solar masses）消失，有如海嘯般的時空扭曲再現，並以光速向外擴散。它的瞬間威力，比宇宙所有星體重力總和的50倍還大。

　　2015年9月15日，雷射干涉重力波天文台（Laser Interfero-meter Gravitational-wave Observatory；LIGO）的2個偵測器測得重力波，這是科學史上劃時代的重要時刻。試想一下，從出生就耳聾的人，在一夜之間突然聽得見的情況，這正是物理學家與天文學家當時的感受。縱觀歷史，我們向來就可以「看見」宇宙，而現在我們終於可以「聽見」它。重力波即是太空的聲音。若說這次的偵測，是繼1608年望遠鏡發明以來，天文學上最重要的進展，可是一點也不為過。

　　重力波證實了時空本身就是可以振動的「實體」，它如同池塘中擴散的漣漪一般，向外傳遞波動。這是愛因斯坦主張重力是時空扭曲的終極證明。牛頓想像「重力」從太陽向外作用，像無形的橡皮筋般牽引地球；愛因斯坦則認為，太陽在周遭創造了時空深谷，而位在其中的地球，則如同處於在巨大輪盤上的小球般，永無止境地環繞太陽運行。

　　雖然牛頓的重力論非常成功，不但解釋了行星運行與海

洋潮汐，甚至還預測了海王星這個未知世界的存在；但愛因斯坦的重力論也不遑多讓，成功地解釋了水星的異常運行，預測了黑洞的存在，還有宇宙誕生時的大霹靂。但就像牛頓的重力論，愛因斯坦的重力論也種下了瓦解自身理論的種子。愛因斯坦的重力論預測，在黑洞的核心處與宇宙誕生之際，存在著荒謬的「奇異點」（singularity），此時的物理參數會躍升至無限大。

諷刺的是，科學最先提出、也是大家認為早就知道的力量，實際上卻最不被了解。借用邱吉爾的話，重力是「包在謎團裡的謎中之謎」。

在21世紀初的現在，我們正瀕臨一場新變革。物理學界展現了最大企圖心，要找出比愛因斯坦重力論更深層的理論 —— 量子重力論（quantum theory of gravity）。目前也已經窺見誘人的新世界觀。另一位牛頓或愛因斯坦也許正等著展翅高飛，將零碎的拼圖拼出完整全貌；而更可能的情況或許是得仰賴數十人的合作努力才能解開謎題。許多物理學家相信，我們對現實世界的看法正處於震盪轉變之際，而這個新看法將比過往任何一種看法都有更深遠的影響。

比愛因斯坦重力論更深層的理論，會帶給我們曲速引擎（warp drives）及時光機那種能操控時間與穿梭平行宇宙的能力嗎？沒有人可以預測，就如同電力時代之前的人，也無法預測將來會有電視、手機與全球資訊網路。我們只知道，當我們最

終能掌控這個難以捉摸的理論，就得以解答科學上的大哉問：
空間是什麼？時間是什麼？宇宙從何而來？

　　不過我說得太遠了。我們如何走到今日，來到廣大未知的
物理境界邊緣？這故事要從1666年那個鼠疫年代說起，22歲的
艾薩克・牛頓……

Part 1
牛頓

的杯子裡，而且因為太虛弱，大家以為他不出幾天就會夭折。[6]

牛頓是個「遺腹子」。他父親在他出生前3個月便不幸去世。他母親失去依靠，在牛頓3歲時接受一位富有牧師求婚，那位牧師的年紀幾乎是她的2倍。牧師想要個妻子，但並不想要拖油瓶，所以當牛頓的母親搬到鄰村的牧師住所，她別無選擇地放棄了牛頓，讓外祖父母撫養他長大。牛頓唾棄繼父與母親，他後來在自己的手記中也懺悔，曾經「威脅繼父與生母，要把他們連同房子一起燒掉」。

牛頓的母親在丈夫死後8年，帶著他同母異父的一個弟弟及兩個妹妹回到伍爾索普。然而，當時牛頓因遭母親遺棄而無比憤怒，這股怒火始終無法平息。

身為家族農場的繼承人，牛頓被禁止與農工的「一般」孩童一起嬉戲。只能獨自玩樂，導致他性格孤僻，沉迷在自己的想像世界中，永無止境地建構與探索周邊世界。他做出風車與橋梁模型。他在石頭上刻出日晷，時時刻刻觀察陰影變化，日復一日，季復一季。

牛頓因為擁有卓越才華，於12歲時獲得資助，前去就讀格蘭瑟姆（Grantham）的國王中學（Kings School）。學校位於13公里遠的商鎮，實在不便於每日徒步上下學，所以他寄住在當地一位藥劑師家中。離開家人的牛頓更顯孤僻，卻得以安身在校長的羽翼之下。校長對數學非常有興趣，也識出牛頓非凡的天分，對他傾囊相授。

　　1659年，牛頓16歲時，被母親喚回伍爾索普經營家族土地。那是片有著樹林小溪、大麥田與放牧羊群的土地。然而，牛頓卻將時間花在蒐集草藥與讀書上。[7]他在小溪建造水車時，他家的羊群踐踏了鄰居的大麥田。他也不維修籬笆，讓豬隻擅自闖入他人土地，並因此遭莊園法庭罰款。[8]隔年，牛頓回到格蘭瑟姆的學校，大家（包括牛頓在內）都鬆了一口氣。

　　另一位看出牛頓非凡天分的人，是牛頓的牧師舅舅。他曾在劍橋念書；1661年，他協助18歲的牛頓進入劍橋大學。當時，劍橋大學的建校地只是個破舊髒亂的小村莊。牛頓在學校裡伺候有錢的學生，為他們跑腿、吃他們的剩菜，藉由「半傭半讀」生存下去。1665年1月，牛頓從劍橋大學畢業，取得學士學位。

　　如同其20世紀接班人愛因斯坦（Albert Einstein），牛頓的在學表現並不算出色。雖然如此，他努力研讀數學與科學，求知若渴地吸收希臘哲學家的著作。但重要的是，他懂得批判所讀的內容。「柏拉圖是我的朋友 —— 亞里斯多德是我的朋友，」他在珍藏的手記中寫著，「但我最重要的朋友是真理。」

6　「他死於1727年3月20日，有84年以上的時間，他的健康與活力都超越一般人；關於1夸脫杯子的故事還有個同場加映的故事：他只掉過1顆恆齒。」——Augustus De Morgan, *Essays on the Life and Work of Newton*, 1914。

7　Stukeley, *Memoirs of Sir Isaac Newton's Life*, pp. 46-49.

8　Richard Westfall, *Never at Rest: A Biography of Isaac Newton*, 1983, p. 53.

獨自翱翔在思考的新奇海域

　　1665年，牛頓在空氣中迴盪著蟲鳴鳥叫的夏天，回到伍爾索普定居。這裡的景致如詩如畫，讓人難以相信僅160公里外的倫敦，街上行人竟步履蹣跚，倒地不起。人們發燒畏寒，肌肉痙攣，四肢疼痛。他們氣喘噓噓，有時還會咳血。在淋巴腺中增生的鼠疫病菌，使得他們腋下及鼠蹊部變黑腫脹。在鼠疫停止肆虐前，有10萬人（四分之一的倫敦人口）被帶上馬車，任意棄置在鼠疫坑中。[9]

　　伍爾索普莊園是座有著石灰岩外牆的破舊兩層樓建築，四周環繞著蘋果樹叢，旁邊的威特姆河谷（the valley of the River Witham）裡四散著放牧羊群。牛頓坐在桌前，將當時所有駭人事物拋諸腦後。

　　牛頓之所以能如此，或許是因為他對他人的苦難有著病態的疏離感，也或許是因為他知道自己對那些事情無能為力。為什麼要去擔心自己無力改變的事情呢？又為什麼要去煩惱那些已掌握在全能上帝手中的事情呢？

　　牛頓骨子裡就是個實用主義者。一位實用主義者也許會將恐怖的時代視做一段插曲，這是上帝賦與他了解祂這位造物主的機會。牛頓寫道，我最重要的朋友是真理。鼠疫肆虐英格蘭時，在伍爾索普的牛頓開始尋找真理。「在思考的新奇海域獨自翱翔」的牛頓，即將成為世界聞名的數學家。[10]他將發現光

學與顏色定律、「微積分」與「二項式定理」。但其中最重要的
是萬有引力定律。

　　發現萬有引力的時機已經成熟，因為當時已出現地球在宇
宙中位置的實際模型。但這個模型並不適用於所有狀況。

質量是關鍵

　　地球過去曾被認為是宇宙中心。會有這樣的誤解完全可以
理解。畢竟，太陽、月亮與星星看起來就像是繞著地球運轉。

　　但其中存在異常之處。

　　對遠古時代的人而言，金星、水星、火星、木星與土星這
五顆肉眼可見的行星，若只是如空中閃爍的螢火蟲，根本不會
特別引人注目。然而，它們卻單獨在固定的星空區域如蝸牛般
緩慢爬行。[11]重要的是，它們爬行的軌跡並不一致。在每個夜
晚周而復始的觀察中，偶爾會不經意地發現，行星會逆向而行
並再度逆轉回來，在夜空中劃出奇特的軌跡。若行星只是單純

9　Defoe, *Journal of the Plague Year*.

10　William Wordsworth, *The Prelude*, 1888.

11　這些行星在夜空中爬過一道狹長地帶，即所謂的黃道帶（The Zodiac）。黃
　　道帶上有12組固定星群，或稱「星座」（constellations），對應到「黃道12
　　星座」。造成這種情況的原因是，這些行星運行的軌道多多少少位在單一
　　平面上，這個平面就是所謂的「黃道」（ecliptic）。而之所以會這樣運行，
　　是因為在太陽初生之際，周遭碎片像平盤般繞著太陽旋轉，這些行星正是
　　從這些碎片生成。

地繞著地球轉，怎麼可能會出現這樣的狀況？

答案是行星並非繞著地球運轉。

為了解釋行星（planet，此字源於希臘文的wanderer〔漫遊者〕）的異常運轉，希臘智者量身打造了一個精巧的理論。他們堅持天體與地球不同，是完美的領域。在他們心中，完美就是圓形。就像行星會繞著地球運轉，它或許也是在平均位置上以較小的圓圈繞行？也就是圈圈裡的圈圈，或稱「本輪」（epicycle）。沿著較小的圓圈運行，會讓行星在軌道中短暫地向後移動，這可以解釋為何我們有時會看到行星本身向後轉。

對於行星運轉之謎，這樣的解答實際上是個大騙局。只要有足夠的圈圈中的圈圈的圈圈，就幾乎可以模擬所有星體的運轉。不僅如此，這還是個複雜且麻煩的解答。然而，現代科學解釋的關鍵特色之一是解答必須簡單且實惠。

1543年，波蘭天文學家哥白尼（Nicolaus Copernicus）對行星異常運行提出更好的解釋。他說所有星體的中心不是地球而是太陽，包括地球在內的所有行星，實際上都繞著太陽運轉。

哥白尼在《天體運行論》（*The Revolutions of the Heavenly Spheres*）中指出，這樣一來，就能輕鬆解釋行星的運轉法則。當行星繞著太陽運轉，地球常會追上並超越像火星這類在自身軌道上移動較慢的行星。因為行星落後了，從地球對比固定的星群觀看，會像是行星短暫地向後移動。[12]

哥白尼為天體運行說付出了代價。因為這樣，現在出現了

2個天體運轉中心：太陽與地球；太陽為包括地球在內的行星運轉中心，而地球則為月亮的運轉中心。義大利科學家伽利略（Galileo）以新奇的天文望遠鏡觀測天空後，情況更加惡化。伽利略不只看到肉眼所看不到的星星、月亮上的山脈與金星的周期變化，更於1610年，驚奇地發現了有四顆衛星繞著木星旋轉。於是，太陽系中不只有兩個天體運行中心：現在至少出現了3個。

先人的智慧正在崩壞。對於希臘智者而言，了解世界與宇宙的最重要要素就是位置。土、火、空氣與水這四大「基本元素」各有其特定位置，而且這四大「基本元素」都與地球有關。所以就「土」這項元素而言，人們傾向相信地球中心說就不足為奇了。但是在新觀點中，位置就不重要了。至少有3個位置是其他天體繞行的中心時，位置怎麼可能還重要？

我們在觀察太陽系時所學到的是，當物體繞著其他物體運轉，位置不是重點[13]，質量才是關鍵。

---

12 星星們彼此間的位置看起來是固定的，那只是因為它們離我們極遠。即便是離我們最近的星星，到那裡的距離也是繞行地球一周的10億倍。其實星星們正在飛過太空，經過非常長的時間，比方說大約數萬年後，它們會明顯移動位置，造成某些星座的形狀產生變化而難以辨認。

13 太陽系的定義是，太陽加上它的行星與衛星，再加上45.5億年前，太陽系形成時遺留下的各種碎片：小行星與彗星。

自然界孤立核心凝聚的力量

這裡產生的迫切問題是：一個物體如何能圈限另一個物體？磁力提供了一些線索。天然磁石（lodestone）是具有天然磁力的磁鐵礦石。一個天然磁石能藉由神祕的「力量」，隔空吸引另一個磁石。早在西元前6世紀，希臘哲學之父米利都的泰利斯（Thales of Miletus）就提過磁石的不尋常特性。

1600年，英國科學家威廉・吉爾伯特（William Gilbert）提出磁力可能就是凝聚太陽系的力量。他以實驗證實，磁石愈大，其作用在鐵塊上的磁力愈大。他也表示磁吸力具有相互性：磁石對鐵塊的吸引力，與鐵塊對磁石的吸引力一樣強大。

其他人士，像是後來成為牛頓最大對手的羅伯特・虎克（Robert Hooke），就非常認同吉爾伯特的發現。但太陽是個熾熱物體，當時已知磁石加熱到發紅會喪失磁力。因此，虎克也只將磁力視為統御太陽系天體運行之力的模型而已。重力如同磁力般，能隔空作用在其他物體上；也像磁力一樣，物體愈大，作用力愈大，同時它也是個相互作用力。

重力將物體聚在一起，試圖打破它們的極至孤立。重力的確就是自然界孤立核心凝聚的力量。

1666年，在那個鼠疫橫行的年代，當時在伍爾索普莊園內的牛頓正坐在書桌前沉思，開始思考物體間之力量的本質。他對「重力」的理解，跟對磁石磁力的理解差不多，兩樣他都不

了解。但不知道它是什麼樣的力量，並不會妨礙他。以20世紀物理學家波耳（Niels Bohr）的說法就是：「認為物理學的任務是找出自然界運轉的方式，是錯誤的想法。物理學關注的是，針對大自然，我們講得出什麼。」

牛頓本能就知道這項真理。不知道重力為何，並不代表他不能問：重力如何作用？

閱讀大自然這本書（克卜勒定律）

德國數學家克卜勒（Johann Kepler）早已發現重力作用的重要線索。1609年至1619年間，克卜勒以丹麥天文學家第谷·布拉赫（Tycho Brahe）的觀測紀錄為基礎進行研究。布拉赫最著名的事蹟莫過於戴了只黃銅製的假鼻子，這是因為他在一次決鬥中遭對手削掉鼻子。布拉赫從自己位於文島（Island of Hven；今日瑞典的一部分）的觀測站，以肉眼精準觀測到行星。克卜勒長期深入研究布拉赫的紀錄，之後推論出行星運行的三項定律。

克卜勒第一定律指出，行星的軌道為橢圓形，太陽為其中的一個焦點。行星的橢圓形軌道不只是單純的橢圓，還是非常特別的封閉曲線。在平面上釘2枚圖釘，將細繩兩端繫在圖釘上，以鉛筆勾住細繩拉緊，繞著2枚圖釘外圍畫一圈，就能畫出橢圓。2枚圖釘處就是橢圓的2個焦點。以數學用語來說，橢

圓圓周上任一點到2個焦點的距離總和皆相等。

　　克卜勒認為行星的軌道為橢圓形，這是有別以往的重要突破。希臘智者一向秉持圓形就是完美的信念，因而將圓形概念強加在宇宙上。但大自然原本就是本僅供閱讀研究而非自行改寫的書。有別於希臘智者，克卜勒與其追隨者在了解這個道理後，秉持著更謙卑的態度來進行驗證。他們研究大自然，看看大自然要告訴他們什麼。透過布拉赫辛苦的觀察結果，大自然告訴了克卜勒，行星是以橢圓而非圓形軌道繞著太陽運轉。

　　克卜勒的第二定律表示，行星並非以固定速度繞行太陽，靠近太陽時速度會加快，遠離太陽時速度則趨緩。事實上，這個定律的精確程度不只如此。定律指出，想像行星與太陽之間有條連線，在相同時間內，連線掃過的區域面積會相等。以10天的間隔為例，行星在軌道上的初始位置，與10天後在軌道上的位置，跟太陽的位置可以畫出一個三角形。無論行星是在靠近或遠離太陽的軌道上運轉，此三角形面積是一定的。從布拉赫的觀察紀錄中可以得出這麼奇特的定律，讓人不得不佩服克卜勒的聰明才智。

　　安居伍爾索普的牛頓，長時間絞盡腦汁思索克卜勒的第二定律。能夠長時間殫精竭慮地思考，就是牛頓身為天才的祕密。是的，他可以建構複雜的事物、進行複雜的實驗，而且這兩件事情他做得比大多數人都還要好。但真正讓他與眾不同的是，他那驚人且超乎尋常的專注力。這是他的天賦，成功的祕

訣。

　　牛頓不做運動、不沉迷娛樂，持續不斷鑽研，一天常花費18至19個小時在書寫上。[14]他腦袋裡的發條不停轉動。對他而言，不把時間用在研究上，就等於浪費時間。其他人也許能專注在抽象問題幾分鐘，但牛頓可以聚焦在問題上幾個小時、幾個星期，直到最後直搗核心，讓問題投降交出珍貴的祕密為止。牛頓寫道：「我一直把問題擺在心上，直到第一道曙光緩慢地出現，一點一滴地轉變為完全明亮的光芒。」[15]

　　牛頓將他的智慧光芒聚焦在克卜勒第二定律上。最後，他果然看到大自然要告訴他行星所受到的引力。大自然所要告訴牛頓之事，與作用力的強度無關，也無關強度變化受到與太陽間之距離的影響，或是任何諸如此類之事。牛頓明白，唯有在一種情況下，也就是行星所受之力都指向太陽時，才會讓行星在相等的時間內掃過面積相等的區域。[16]

　　克卜勒的行星運轉第三定律，跟前2項定律有些微不同。

14　W. W. Rouse Ball, *History of Mathematics*, 1901.

15　20世紀傳記作家約翰‧梅納德‧凱因斯（John Maynard Keynes）曾提到牛頓這方面的特質：「牛頓能將單純的問題記在腦中，直到看透問題為止，他天生就擁有這樣的能力。」Keynes, 'Newton, the Man'. In *Eassays in Biography*, 1933.

16　行星在一定時間內掃過的小三角形面積為1/2vr。1/2vr不會改變就表示，行星的「角動量」mvr也不會改變。這是在沒有旋轉力（或稱「力矩」）的情況下才會發生，也就是沒有力沿著行星軌道作用。換句話說，力必定指向太陽。

速度移動！那為什麼住在上面的人沒有感覺？一顆球落下時，為什麼地球沒有在球落地前轉動，讓球落在落下位置的東邊呢？答案是，處在運動中世界的我們、球及周遭的空氣，在地球轉動時會跟著地球持續運動，因為動者恆動。

即便今日，沒有人知道物體為何會有持續滑行的自然運動現象。但牛頓掌握住伽利略的非凡洞察結果，將其納入自己三大「運動定律」的第一項。

牛頓的第一定律表示，在沒有外力的干擾下，靜者恆靜，動者恆以等速沿直線運動。（別將它跟「貓的慣性定律」〔Law of Cat Inertia〕搞混了，此定律指的是：「在沒有外力的干擾下，例如打開貓食或老鼠跑過，不動的貓會維持靜止不動。」[18]）牛頓表示，「力」會改變物體原先的自然狀態，像是改變物體的速度、方向，或兩者皆是。牛頓將此想法納入第二定律，即對物體施加外力，會在力的方向產生加速度，造成速度改變。加速度的大小會與物體質量成反比。換句話說，施加一固定外力，質量小的物體會比質量大的物體產生較大的加速度。

更精確一點來說，牛頓第二定律表示：「物體動量變化率等於所施加的外力。」牛頓將「動量」定義為物體「質量」與其「速度」的乘積，並接續定義「速度」為物體往特定方向的速率。牛頓在這裡奠定了運動數學定律「動力學」的基礎。

物體有沿直線做等速運動的慣性，提供了牛頓探研行星繞行太陽所需的所有資訊。首先，行星繞行太陽並無需外力的驅

動。這是運氣極佳的情況，因為如同之前所言，牛頓將克卜勒第二定律解讀為，重力只指向太陽，在行星運行的軌道上並無作用。行星持續運轉就只是因為物體天性如此。[19]

想想這是多麼非凡的啟示。幾乎每個思考過行星運轉問題的人，都會猜想應有某種力量推動行星沿著軌道運轉。有人想像看不見的天使在行星旁飛行，吹動行星或是拍動翅膀推著行星。克卜勒則假想出「磁條」從太陽延伸而出，推動行星隨著太陽轉動。法國數學家笛卡兒（René Descartes）則認為，太陽「漩渦」造成行星如同宇宙浮游生物般旋轉。但牛頓讓這一切想法都成為歷史。他知道，克卜勒的第二定律絕對是無外力驅動行星沿軌道運動的證明。

物體有沿直線做等速運動的慣性，讓牛頓了解重力在維持行星沿軌道繞行太陽時的作用。重力不斷改變物體慣性的直線路徑，讓路徑轉為圓形。

牛頓當然知道克卜勒第一定律提到，行星繞行太陽的軌道非圓形而是橢圓形，但橢圓形要比圓形來得複雜許多，再加上

18「貓的慣性定律」：http://www.funny2.com/catlaws.htm。

19 行星會持續運轉，是因為從太陽系誕生之際，它們就是這樣繞著太陽運轉，之後也會持續下去。現代學說認為，太陽與行星是從塵埃與氣體所構成的星雲形成，星雲因為自身重力而開始縮小。銀河系（Galaxy；the Milky Way）每2.2億年自轉一周，身在其中的星雲也會隨著銀河系自轉而微微轉動。就像芭蕾舞者轉圈時緊抱手臂會轉得更快，當星雲縮小，旋轉的速度就會加快。星雲之中的碎片累積成為行星，行星無可避免地繼承旋轉的特性，所以天生就會繞著新生太陽轉動。

橢圓軌道近似圓形，所以牛頓認為將其大致視作圓形是合理的。

牛頓自問：物體要持續繞圈運轉所需的力是什麼？也就是能不斷改變物體慣性的直線路徑，讓路徑轉為圓形的力是什麼？包括虎克在內的其他人已經發現答案，不過牛頓那時還不知道。

牛頓拿了張羊皮紙坐下來，在紙上畫了個半徑為 r 的圓，在圓周上標記一點 m，以代表一物體質量。他假設質量 m 以速度 v 運動。現在只需用幾何學就可以算出不斷改變物體慣性直線路徑的力。計算出的力為質量乘以速度平方再除以半徑，即為 mv^2/r。

此「向心力」公式實際上就隱身在日常生活的直覺感受之中。舉例來說，在繩子一端繫個石頭，握住另一端繞著自己旋轉。用一般常識判斷就知道，石頭越重，你就越難拉住繩子，也就是你要使出更大的力，以避免石頭拖著繩子往切線方向飛出去。用一般常識判斷也會知道，石頭轉得越快，拉住繩子所需的力道就越大。還有繩子越短，你就越難拉住。[20] 重力就是抓住行星的無形繩子，阻止它們往星空飛去。

牛頓接著問了個重要問題：若重力提供行星向心力，那麼重力跟行星與太陽間之距離要怎麼變化，才能符合克卜勒第三定律 —— 軌道周期的平方與距太陽之距離的立方成正比？他發現的答案是，力必須與跟太陽距離的平方成反比。換句話說，若有顆行星與太陽的距離是另一顆行星的 2 倍，那麼它從太陽

那裡所受到的重力就只有另一顆行星的1/4。如果是3倍的距離，重力就是1/9，依此類推。[21]

　　天空中還有另一個地方，可以讓牛頓測試重力的「平方反比定律」（inverse-square law）。1610年，伽利略於義大利帕多瓦（Padua）發現木星的4個衛星——艾奧（Io）、歐羅巴（Europa）、甘尼米德（Ganymede）與卡利斯多（Callisto），同時發現它們繞著木星旋轉。天文學家已經測量出這些「伽利略」衛星與木星的相對距離，以及它們繞行軌道一圈所需的時間。他們發現衛星繞行木星的狀態，就跟行星繞行太陽一模一樣，軌道周期會隨著與木星間的距離而有變化，此變化情況符合克卜勒定律的預測。

　　牛頓完成這件艱鉅的驗證任務，確定重力會依據平方反比定律隨距離增加而減弱，因而造成克卜勒第三定律這樣必然的結果。[22]

20　實際上，稍微運用簡單的推理就可以導出向心力的確切公式。若有一物體緩慢繞圈運行，只需微調指向中心點的速度，就可以阻止它延著切線飛行；若是物體快速繞行，就需要較大的速度修正。因此，隨著物體速度加快，速度修正的幅度也會變大（它與v成正比）。而物體的「加速度」即是特定時間內物體的速度變化，也就是物體速度變化的程度。若是圓圈較小，物體移動特定距離所需的時間會明顯縮短，若是移動速度緩慢，所需時間就會變長（它與r/v呈正比）。因此，加速度與v除以r/v，也就是與v^2/r呈正比。故簡單以質量乘以加速度，就可以得到力的值mv^2/r。

21　$mv^2/r = F(r)$. $T^2 \sim r^3 \Rightarrow v^2 \sim 1/r$. 因此$F(r) \sim 1/r^2$。（m為行星質量；v為行星速度；F為太陽對行星作用的重力；r為行星與太陽間之距離。）

掉落中的月亮

　　羊群在伍爾索普的草原上吃草、裝滿稻草的車廂在鐵軌上碰撞跳動、公雞在寒冷灰濛的黎明中啼叫，這樣的日常世界與克卜勒第三定律適用的天體世界相距甚遠。然而，牛頓就是在此氛圍下孕育出革命性的驚人思維。有沒有可能，作用於天體世界的力量，與作用於地球表面的力量是同一種呢？有沒有可能（歷史上從來沒有人這樣想過），一個適用於天體世界的定律，也適用於地球呢？有沒有可能，重力就是種「萬有力」，在每個微小物質與其他每個微小物質之間作用呢？

　　牛頓是個極端實用主義者。他明白，除非他能證明這想法有用，也就是能用此種方式算出某些事物，否則這想法一無是處。

　　之前已經提過，牛頓的蘋果故事也許是虛構的。然而重點是，牛頓當時已明瞭讓蘋果落向地面的力量，與讓月亮待在繞行地球軌道上的力量，是同一種。

　　一顆掉落的蘋果與月亮之間的相關性，並不是那麼明顯。畢竟，月亮毫無掉落的跡象。然而，牛頓的聰明才智就在於，他知道表面只是假象。

　　想像一門大砲，射出一顆與地面平行的砲彈，砲彈短暫飛行一段距離後落地。再想像一門更大的砲，射出速度更快的砲彈，砲彈會飛遠一點再落地。接著想像一門超級巨砲，射出

一顆時速28,080公里的超高速砲彈。對這門大砲來說,地球的圓弧面成了關鍵點,因為一旦砲彈要落地時,砲彈正下方的地面就會彎曲遠離。雖然砲彈一直在往地面掉落,卻無法更接近地面。它反而繞著地球轉啊轉,在圓圈之中永遠地一直掉落。正如同《銀河便車指南》作者道格拉斯·亞當斯(Douglas Adams)所特別強調:「飛行的訣竅,在於學到如何把自己丟到地上,卻一直失敗就成了。」[23]

月亮在圓圈之中永遠一直掉落,所以蘋果與月亮正在做同一件事。然而,我們卻感覺不到,那是因為蘋果沒有能與地面維持平行的速度,因此只能直直落下,而月亮就像超高速的砲彈,有著能與地面維持平行的速度,所以就掉落成了一個圈。

今日的孩童依然會問:月亮為什麼不會掉下來?人造

---

22 事實上,木星衛星的軌道還有一個重大異常。丹麥天文學家奧勒·克里斯汀生·羅默(Ole Christensen Røemer)發現了這個異常。羅默多次觀察衛星繞行木星的情況,並測量衛星繞行軌道一周所需的平均時間:因為它們會周期性地受木星遮蔽,所以當它們再次現身,就是開始量測的好時機。羅默驚訝地發現,衛星有時會比預定時間提早出現,有時卻會延後。當木星最接近地球,它們就會提早出現;當木星離地球最遠,它們就會延後出現。這是怎麼回事?羅默明白,木星衛星上的光,從木星傳遞到地球需要時間。當木星離我們最遠,光傳遞所需的時間就比在最近時長些。這就是為什麼被木星遮蔽的衛星再度現身的時間不一,而這全取決於它們離地球的遠近。此現象表示光無法瞬間傳送到位,我們也因此知道木星遠離時,光要傳送的確切距離為地球軌道的直徑,還有延遲的時間是22分鐘。羅默因此得以首次估算出光的速度:每秒225,000公里;此數值與現代估計光速為每秒299,792公里相比,算是頗為準確了。羅默的誤差在於,他所估計的地球軌道大小有誤,而延遲的時間也非22分鐘,而是16分40秒。

23 Douglas Adams, *Life, the Universe and Everything*, Picador, London, 2002.

衛星為什麼不會掉下來？到底是什麼東西讓它們一直高掛在天空中？他們根本不知道沒有東西讓它們高掛天空。它們一直處在掉落中的狀態！一個常見的誤會就是，太空人在太空中會遭遇失重狀態是因為沒有重力。事實上，在國際太空站（International Space Station）那麼高的地方，大約還擁有地球表面89%的重力。太空中的太空人會失重，不是因為沒有重力，而是因為他們正在掉落中。

為了證明重力是種萬有力——一種無論是在天上或地表，能作用在所有物質彼此之間的力量——牛頓必須去比較，地球重力對蘋果以及對月亮的影響。如果他是對的，這兩個影響間的比例關係，應該可以根據作用力會依照平方反比定律隨距離增加而減弱來解釋。

牛頓將注意力放在掉落的蘋果上。因為伽利略等人已經測量過，所以他知道蘋果在第一秒掉下的距離是490公分。牛頓必須解答的下個問題是：月亮一秒落下的距離有多遠？

牛頓知道月亮距地球中心384,400公里，[24]並據此計算出月球的軌道長度。他還知道月亮繞行軌道一周的時間是27.3天，所以也可以算出月亮的速度。

慣性作用讓月亮以此速度持續進行直線運動。不過實際上由於地球的重力作用，月亮的直線路徑會持續往地球的方向不斷彎曲。應用幾何學即可計算出，月亮1秒內自直線路徑落下往地球方向彎曲的距離。牛頓計算出這段距離為0.136公分。所

以，現在他知道在月亮這麼遠的地方，地球的重力是地球表面的0.136/490，大約是1/3,600。

地球表面距離地球中心有6,370公里，而如前所述，月亮距地球中心為384,400公里。[25]換句話說，月亮與地球中心的距離，大約為地表與地球中心距離的60倍。60的平方為3,600——這完全就是重力作用在月亮與地表兩者距離相較之下減弱的倍數值。牛頓證明了就是這個隨距離平方而減弱的單一

24　希臘天文學家暨地理學家與數學家希巴克斯（Hipparchus），是最先正確估算出月球大小與距離的人，他活躍於西元前190年至西元前120年。在一次月食期間，希巴克斯估算地球落在月球上的陰影大小，發現其直徑是月球直徑的2.5倍。因為陰影是投射在月球曲面上，所以他判斷陰影面積有縮小（約1個月球的直徑），因此地球直徑是月球直徑的3.5倍。也因此，若地球位在跟月球同距離之處，看起來就會是月球的3.5倍大，也就是月球只能橫跨0.5度，地球是1.75度（伸直手臂舉起拇指，拇指剛好可以遮住月亮，這樣大約就是0.5度）。與地球直徑相同的物體，要在天空中橫跨1.75度，唯一的條件就是它大概得距離30個地球直徑遠。因此，地球與月球的距離是384,400公里。希巴克斯顯然並未算出如此精確的數字，但也很接近了。

25　西元前240年，亞歷山大圖書館首席館員埃拉托斯特尼（Eratosthenes），是最先估算出地球直徑的人。事實上，撇開山脈的起伏，地球看起來是平的。但就如同埃拉托斯特尼所理解，這是因為地球非常巨大，曲度才會不明顯。海上的船隻證實地球是圓的，因為船在看起來還很大時就會消失在地平線，若地球是平的，它會先縮小成一個點。月食期間，地球介於太陽與月球之間，地球投射在月球上的陰影為弧形，無論從任何角度投射都會產生弧形陰影的只有球體。聰明的埃拉托斯特尼注意到，太陽在夏至達到天空中的最高點時，位於賽伊尼（Syene；今日的亞斯文〔Aswan〕）的垂直石柱沒有影子，這代表太陽就在我們頭頂正上方。同一天，在亞歷山大的石柱卻有短短的影子，顯示太陽偏離垂直面7度。埃拉托斯特尼從賽伊尼與亞歷山大的距離，以及7度大約為整個圓的1/50，計算出地球的圓周，並得出地球的直徑為7,800英里。他所得出的數值真驚人，與實際值只有100英里的誤差！

星與星體等所有物體都被擁入一體的懷抱中。」[27]

「無數人看過蘋果掉落，」美國金融家伯納德・巴魯克（Bernard Baruch）說，「但只有牛頓問了為什麼。」[28]

真理存在簡單之中

需要具備一份超凡躍進的想像力，才能看到月亮正在掉落（雖然我們感覺不出來），也才能進一步看出是同一股力量，即地球的重力，讓月亮與蘋果掉落。在過去，天空曾被廣泛認為是天使與神所主宰的領域。希臘人甚至想像天空是由超凡的第五元素所構成，與地球上的地、火、空氣及水這些一般「元素」完全不同。然而，牛頓發現天地間並無不同。在一個仍由宗教教條支配的世界，需有足夠勇氣才能將天界拉到地界來。主宰地球上物體行為的定律，與支配宇宙中物體行為的定律相同，於是宇宙中一定存在著適用於所有時間及位置的定律，也就是萬有定律（universal laws）。活在科學初露曙光時代的牛頓，他的父親因為目不識丁只能在遺囑上以X代替簽名，但牛頓卻能透視大自然核心，看見了這樣一個萬有定律。

這是科學偉大統一的第一步。接下來，達爾文（Charles Darwin）整合了人類與動物界的其他動物；詹姆斯・克拉克・馬克斯威爾（James Clerk Maxwell）整合了電、磁與光；愛因斯坦整合了空間、時間與重力。今日的物理學家正在尋找重力

與「量子論」（quantum theory；原子與其組成之微觀世界的理論）的終極統一，或說是他們想像中的終極統一。

　　但牛頓的重力定律不只具有普遍性，還很簡單。牛頓寫道：「人們總在簡單之中，而非複雜混亂的事物中發現真理。」[29]若重力定律不夠簡單，17世紀的人就不可能會發現，即便像牛頓這麼有天分的人也是。想想這是多麼幸運的一件事。複雜定律也許容易解釋宇宙的基礎層級，但對於我們這種不久前才從西非原野樹上演化而來的立人猿而言，3磅重的大腦看不清也理解不了複雜的定律。還好情況並非如此，宇宙是由簡單的定律所編排組成。

　　其他學者也跟隨牛頓的腳步，持續尋求更簡單的萬有定律。實際上，相信有這樣的定律存在，一直是物理學界不公開的信念；也是這樣的信念如一盞明燈般，帶領物理學家努力穿過未知領域的黑暗。沒有人知道為什麼宇宙的基礎層級就是如此簡單，就像也沒有人知道何以宇宙萬物可以用數學來解釋。但350年前的牛頓，最先讓我們了解宇宙既簡單，也具有數學特性。[30]

　　牛頓的萬有引力定律描述了物質粒子間的重力。事實上，就

—————————

27　A. C. Grayling, *The Good Book*,Bloomsbury, London, 2013.

28　*New York Post*, 24 June 1965.

29　'Fragments from a Treatise on Revelation'. In Frank Manuel, *The Religion of Isaac Newton*, Oxford University Press, London, 1974.

如同牛頓最初所理解的，宇宙最終是由粒子與力組成。「重力、磁力與電力的吸引力，可以遠距離作用，所以容易觀察，」牛頓說，「但可能有些力作用的距離過短，以致目前還觀察不出來……有些在微小距離即產生上述化學作用的力，只在接觸瞬間產生強大作用，但對於不遠處的粒子就沒有明顯作用。」[31]我們現在知道電磁力會造成牛頓所謂的「化學作用」，自然界也確實還存在其他兩種「觀察不到」的基本作用力，而且此兩種力只在距離微小時才具有強大作用。

　　如同有先見之明的牛頓所理解的，物理學家身負雙重任務。首先，要發現自然界的基本力。接著，探究出這些基本力如何整合作用，將自然界的基本粒子排列成樹木與人類、行星與衛星，還有星系與恆星，以組成我們周遭變化多端的驚人宇宙。

22年的沉默

　　牛頓於1666年發現了萬有引力定律，卻未對世界公開達20多年之久。雖然這有幾種可能原因，但是直到今日仍沒有人知道理由。其中一項可能性是，牛頓根據月亮與地球的距離比較重力對月亮與對地表的影響時，發現並不符合平方反比定律。他於17世紀時對地球與月亮間之距離的估算並不正確。而當牛頓了解這點，並找出正確數值的時候，他的研究重心也早已轉

移到其他科學謎題上了。

　　牛頓沒有馬上公布萬有引力定律的另一個可能原因是，他當時只是默默假設地球重力作用的方式，就像所有的質量都聚集在地球中心處一樣。回想一下，在推導平方反比定律時，牛頓比較的是地球中心距月亮以及距蘋果的距離。

　　牛頓萬有引力理論的本質在於，萬有引力是每個物質與每個其他物質間的作用力。這代表地球對月亮的重力作用，事實上是埃佛勒斯峰對月亮的重力作用，加上地心對月亮的重力作用，再加上地球五大洲邊緣的每片沙灘上的每一粒沙子對月亮的重力作用……所以作用在月亮上的重力，實際上是由構成地球的無數質量粒子齊力作用的總和。

　　牛頓相信地球重力的作用方式，會跟地球所有質量都聚集在地心處的重力作用一樣。我們幾乎可以斷定牛頓無法證明這件事。但就如同20世紀物理學家理查‧費曼（Richard Feynman）所言：「你知道的會比你能證明的多。」[32]而牛頓知道的向來比能證明的要多。

---

30 我在 *The Never-Ending Days of Being Dead*（Faber & Faber, 2007）此書第六章中，思索宇宙為何如此簡單的原因。而在同本書的第二章，我則推測此簡單可能是假象的原因，因為物理學家就只專注在研究宇宙簡單的部分！在另一本書 *The Universe Next Door*（Headline, 2002）的第八章，我也推測宇宙具有數學特性的原因。

31 Isaac Newton, Query 31, *Opticks*, 1730.

32 'The Potentialities and Limitations of Computers', lectures by Richard Feyman and Gerry Sussman attended by the author, California Institute of Technology, Pasadena, 1984.

　　牛頓的直覺力非常強大，因此他在經過時時刻刻、日日月月專注思考後，總能得到問題的解答 —— 必然、清楚、正確的解答。但要了解真理，這還不夠。他還需要說服其他人。這代表他必須拿著羽毛筆與羊皮紙坐在書桌前，以凡人幼兒程度的語言，緩慢地一步一步解釋他的直覺想法，而這個語言正是數學。

　　牛頓心裡明白一件事。地球為圓形，而從地心到月亮連線所劃開的地球兩側半球是對稱的。因為對稱，所以一邊半球所有物質對另一半球所有物質所產生的重力，與另一半球所有物質對原先這半球所有物質所產生的重力會相等。這兩股重力會相互抵銷。結果就是，地球對月亮的重力會完全沿著地心到月亮的連線作用。這是個開始。但重力在地心到月亮的連線上作用，與地球全部質量都集中在地心上，這兩件事還是有段不小的差距。1666年時，牛頓其實已經清楚明白這項事實，但他無法證明。

　　又或許他已經可以提出證明，但所用的方式，卻不是1666年當時生活在地球上的其他人所能理解。

　　1666年5月，牛頓發明了「微積分」，他稱其為「逆流數術」（inverse methodof fluxions）。這是種數學魔法，可以將無限個極小質量（或是無限個極小的任何東西）加總起來。這個工具絕佳，可以用來證明地球的重力作用，與所有質量全聚集在地心處的重力作用相同。但因為牛頓只是發明了微積分，也

沒有告訴任何人，故以微積分為基礎的證明，只有牛頓自己才看得懂。[33]當你向全世界宣告「我有了個絕妙的證明，但在你能欣賞了解它之前，必須先學會我剛發明的一整套深奧數學理論」，這實在很難打動任何人。

而且牛頓還是頭性格複雜且矛盾的怪獸。他不在1666年公布萬有引力定律，除了科學上的因素外，可能也含括極大的心理因素。打從一開始，他就是個不可思議的瘋狂神祕人物。在格蘭瑟姆的學校中，他也許曾因與眾不同而遭到霸凌。根據牛頓所述，在一個男孩踹他肚子後，他捉著對方的耳朵，把他拖到教堂中，並且拿男孩的鼻子去摩擦撞牆。[34]雖然牛頓打贏了，但這個創傷經歷讓牛頓有了偏執想法，擔心只要展現自我便可能遭受攻擊，即便是他腦中最精華聰明的概念。牛頓有著病態的敏感度，無法將其他人的強烈質疑視為健全科學對談的重要部分，反將其視做科學蠢蛋對他的個人汙辱；他無需捍衛自己的想法，因為他知道那些想法都是真理。

牛頓是位如刺蝟般脾氣暴躁的人，有時還會進行報復。他一生中就經常與其他科學家陷入長期激烈且有損其人格的爭

---

33 事實上，是數學家哥特佛萊德・萊布尼茲（Gottfried Leibniz）獨自在德國發明了微積分。雖然牛頓宣稱自己更早之前就發明了微積分，並在寫給萊布尼茲的信件中提過這項發明，但萊布尼茲發明微積分的時間，確實早於牛頓1666年的發表時間。牛頓後來竭盡所能地以皇家學會會長身分打擊對手，獨占發明微積分的榮耀。

34 Peter Ackroyd, *Newton*, Vintage, London, 2007, p. 10.

論仍是事實。而改變這一切的則是朋友的來訪：牛頓的朋友愛德蒙·哈雷（Edmond Halley）於1684年8月到劍橋拜訪他，哈雷問了他一個重要的問題。

CH 2　最後的魔術師

牛頓如何創造世界體系，
發現了解宇宙的關鍵

> 牛頓是世上最偉大的天才與最幸運的人士；因為我們已經無法再發現另一個創建世界的體系。—— 數學家暨天文學家約瑟夫·路易斯·拉格朗日（Joseph Louis Lagrange）[1]
>
> 牛頓能將驚人才智與讓兔子蒙羞的輕信與妄想結合在一起。—— 英國作家蕭伯納（George Bernard Shaw）[2]

哈雷是牛頓的狂熱追隨者，或者也能說是牛頓的朋友 —— 不過就人際關係而言，牛頓幾乎可說完全不與人往來。[3]哈雷與牛頓得以對談，乃起因於哈雷在倫敦咖啡廳與兩名友人的爭論。這兩人分別是虎克與克里斯多佛·雷恩（Christopher Wren）。虎克就是在觀察植物組織時，發現了堆疊在一起的小

1　Quoted in Forest Ray Moulton, *Introduction to Astronomy* Macmillan, New York, 1906, p. 199.

2　出自1930年一場晚宴後對當時也在場的愛因斯坦的致辭。截錄自Blanche Patch, *Thirty Years with G.B.S.*, Gollancz, London, 1951。

3　Hazel Muir, 'Einstein and Newton showed signs of autism', *New Scientist*, 30 April 2003 (https://www.newscientist.com/article/dn3676-einstein-and-newton-showed-signs-of-autism/).

隔間，將其命名為「細胞」的人。雷恩則是建築師，重建了毀於1666年大火的中世紀聖保羅大教堂。

哈雷苦思克卜勒第三定律與其嚴苛條件已久。克卜勒第三定律的條件是：行星繞太陽運轉的周期平方，與其距太陽之距離的立方具有相關性。如同牛頓，哈雷也推斷出唯有依循平方反比定律的力量施加在行星上，這情況才可能成立。雷恩及虎克邊啜飲熱騰騰的黑咖啡，邊從菸斗吐出煙圈，同時表示他們也推測出了平方反比定律。

事實上，雷恩甚至聲稱他比虎克早許多年就已經知道這個定律。不甘示弱的虎克吹噓說，他可以利用平方反比定律解釋行星運動的所有特性。然而，當哈雷與雷恩要求他敘述細節，他卻有所保留。他說唯有更多人試著做跟他一樣的研究並失敗後，他才會對世人展現他的壓箱寶。

哈雷相信這只是虎克的吹噓之詞，一種幼稚的伎倆罷了。他起身離開時，朋友們仍在爭論。他知道自己該做什麼；只有一個人能解決他與虎克及雷恩間的爭論。這就是為什麼他在1684年8月，忍著炎熱及不適，從倫敦搭車到劍橋去。

當時，牛頓已經聲名遠播。1669年，他便已取得大學終身教職；1672年，他又成為新創的皇家學會院士。他在前一年還向學會院士發表了革命性的新式「反射」望遠鏡。反射望遠鏡不用透鏡，而是以凹面鏡匯集光線，所以不會像「折射」望遠鏡一般，透出麻煩的彩虹光。[4]

牛頓住在介於大門與禮拜堂之間的三一學院2樓。在他悶熱的房間中，格子窗戶敞開著，哈雷低頭看著寬大廣闊的庭院。庭院四周是高聳石牆，要進入庭院，必定得經由牛頓房外木陽台上的階梯。庭院中的草皮修剪得乾淨整齊，這是因為牛頓對秩序及完美極為要求，無法忍受有任何一株雜草。庭院裡有棵成熟的蘋果樹、一座靠牆的水車，而另一頭則有個木棚，哈雷知道牛頓在這裡進行神祕的煉金術實驗，所以木棚裡日以繼夜都燒著火。

牛頓滿心期待的坐在沙發上，等著訪客說出從倫敦遠道而來的理由。哈雷轉頭面對這位不可思議的特殊人士，清了清喉嚨後提出問題：「若說指向太陽的重力與兩者距離的平方成反比，那麼行星運行的軌道會是什麼形狀？」[5]

牛頓毫不遲疑的回答：「哦！當然是橢圓形。」

哈雷十分吃驚，問牛頓怎麼知道。

「我計算過，」牛頓說。

不過，牛頓找遍了手記及成堆手稿，還是找不到當初計算的蛛絲馬跡。他向哈雷保證，會重新計算一遍後再寄到倫敦給他。

4　就連「反射望遠鏡」，也是牛頓在從事偉大的光與光學研究時所衍生出的發明。這也是個從牛頓身上挖掘出來的祕密（幾乎所有與他相關的事物都得靠進一步挖掘才能得知），並於1710年發表於《光學》（*Opticks*）中。

5　Abraham DeMoivre, quoted in Richard Westfall, *Never at Rest: A Biography of Isaac Newton*, Cambridge University Press, Cambridge, 1983.

　　牛頓一諾千金。幾個月後，在倫敦的哈雷收到了名為「物體軌道運轉」的數學證明。在短短9頁的定義、方程式與幾何圖形中，牛頓證明了受到平方反比定律作用的物體，其路徑是橢圓形，就像克卜勒行星運轉第一定律所述。事實上，牛頓展示了重力平方反比定律再加上某些運動基本原則，不但可以解釋克卜勒的第一定律，還能解釋克卜勒的所有定律。牛頓所作的解釋其實更加深入。他顯示了克卜勒第一定律，其實只是在平方反比引力的作用下物體移動的特例。整體來說，行星的運行路徑並非橢圓形，而是「圓錐截面」。

　　想像一個向上立起的圓錐，還有一把鋒利得足以俐落切過圓錐的刀子。如果用刀子隨意橫切過圓錐，那麼切出的截面就是橢圓形。如果刀子從一邊切入同時平行另一邊切到底面，切出的截面就是開放的「拋物線」。如果刀子從圓錐一邊垂直切到底面，那切出的就是開放的「雙曲線」。

　　此三種路徑分別對應三個不同的實際情況。如果受到平方反比定律之引力作用的物體，沒有足夠的速度（或能量）逃離太陽，它就會永遠以橢圓軌道繞著太陽運轉。另一方面，如果它擁有足以逃脫的能量，它會沿著雙曲線飛向星空不再回來。當物體處在要逃不逃的臨界點，它的路徑就會是拋物線。它要逃離太陽重力的魔掌只有一個辦法，就是它要拉開與太陽之間的距離至無限大，這實際上需要花費無限多的時間。

　　牛頓的成就驚人。他訂定出三個在本質上完全不同於克卜

勒的運動定律。雖然克卜勒定律既卓越又精確，卻只是對行星繞行太陽的行為進行描述而已。克卜勒定律並沒有解釋為何行星會如此運轉。另一方面，牛頓的定律描述了所有質量物體的運動，從砲彈到車廂及行星都包括在內。它們是對實際世界最內在本質的假設，也就是物質、力量與運動之間的關係。

　　而運用這三大運動定律再加上萬有引力定律，牛頓就可以解釋克卜勒的第二與第三定律。他也應用運動定律及重力平力反比定律來解釋克卜勒第一定律：行星運轉的軌道為橢圓形。而且他並未使用自創的微積分，那只需要幾行方程式就能解釋，反倒使用了幾何學這種冗長的幼兒語言，好讓當代人士得以了解。[6]

　　「牛頓對於橢圓軌道定律的證明，成了古代世界與現代世界的分水嶺，」巴莎迪那市加州理工學院（California Institute of Technology）的物理學家大衛・古得斯坦（David Goodstein）說，「這是人類思想的最高成就之一，足以媲美貝多芬的交響曲、莎士比亞的戲劇，或是米開朗基羅的西斯汀教堂。」[7]

6　三百多年後，另一位美國天才物理學家費曼非常想了解牛頓的想法，於是他重新推導一套幾何驗算，以證實物體所受之力依循平方反比定律時，此物體會以橢圓軌道繞行。1988年費曼過世後，他的朋友古德史坦夫婦（David and Judith Goodstein）將其發表在 *Feynman's Lost Lecture: The Motion of the Planets Around the Sun*, Jonathan Cape, London, 1996）。

7　出處同上。

基本《原理》── 馴服宇宙

哈雷讀完牛頓寄給他的9頁論文後，感到十分震驚。他知道，他手上握有理解宇宙的關鍵。

他馬上回信給牛頓，力勸牛頓讓他安排一場論文的公開發表會，但是身為完美主義者的牛頓拒絕了他。牛頓並不滿意當前成果，他確信這些研究成果還有改進與延伸的空間。關於他的運動定律與重力定律，他還有許多內容可說，最重要的是，還能講出它們對世界會造成的更多影響。

不過，哈雷的提議卻創造出一個缺口，水壩終於潰堤了。長久以來，牛頓一直小心翼翼保護自己的發現，現在則是不吐不快。他花了18個月的時間瘋狂精進自己的想法，以便以無懈可擊的方式呈現，不讓外界有絲毫質疑的機會。他的成果就是《自然哲學的數學原理》（*Philosophiæ Naturalis Principia Mathematica*）。這套《原理》於1687年7月5日出版，共3大卷550頁，它不只讓牛頓聲名大噪，還提出了全面解釋宇宙的「世界體系」。

牛頓從令人困惑的複雜世界中萃取出簡單的基本定律，他的這項成就絕對名副其實。今日我們能以「力」、「質量」、「速度」這些特定名詞來思考，乃得益於昔人所創造的字彙，以及所發明的思考框架。而那個人就是牛頓。

他在當代語言的混亂中努力，專注在基本概念上，提升並

超越日常用語不確定的模糊性，賦與它們最犀利的定義。「絕對空間在本質上不受外界影響，會一直維持相似性與固定性。具正確性與數學性的絕對時間本身與其本質，能夠不受外界影響平穩流動。」[8]牛頓正在馴服宇宙。這是場巨大的搏鬥，像是要將一團迷霧打倒在地。

生於巴基斯坦的諾貝爾獎得主阿卜杜勒・薩拉姆（Abdus Salam）說：「3個世紀前約在1660年時，出現了現代史上最偉大的兩個紀念碑，一個在西方，一個在東方：倫敦的聖保羅大教堂，以及印度阿格拉的泰姬瑪哈陵。這兩個建築代表著語言所無法描述的意義，它們展示了東西文化在此年代已經達到程度相當的建築技術、工藝技巧、富裕環境與精密程度。但同一個時期其實還有第三個紀念碑，而且只出現在西方，最終對人類造成更遠大的影響，這第三個紀念碑就是牛頓的《原理》。」[9]

哈雷則運用了牛頓《原理》中的方法，證明了1456年、1531年、1607年與1682年在地球上所看到的彗星其實是同一顆。此彗星運行的橢圓軌道頗為狹長，因而讓它遠離太陽，不過每隔76年，它就會回到太陽系內並接近地球。哈雷成功預測此彗星將於1758年再度現身於天際。他雖然未能活著見證自己

8　Isaac Newton, *Philosophiæ Naturalis Principia Mathematica* (1687), 'General Scholium'.

9　Abdus Salam, C. H. Lai and Azim Kidwai, *Ideals and Realities: Selected Essays of Abdus Salam*, World Scientific, Singapore, 1987.

的成就，更別提牛頓在科學上的成就，不過自此之後，這顆彗星就被稱為哈雷彗星了。

《原理》之所以如此備受推崇，是因為這是由一位生在17世紀的人士，以無懈可擊的精準度發現有關世界深層再深層的真理。愛因斯坦說：「大自然對他（牛頓）而言是本一目了然的書，讀來毫不費力。」或如同英國詩人亞歷山大·波普（Alexander Pope）所言：「自然與自然的定律隱藏在黑夜中，上帝說『牛頓，上場吧！』，於是一切都豁然開朗。」

牛頓對於自己的成就極為謙虛。「我不知道別人怎麼看我，但對我自己而言，我就只是像個在海邊玩耍的男孩，有時發現光滑的鵝卵石，有時發現特別美麗的貝殼，尚未被發現的真理大海就在我眼前。」[10]

雖然牛頓極為謙虛，但《原理》卻是非凡的成果。3大卷的內容讓人類得以穿越空間踏入另一個世界，向星空發送太空探測器，去了解在夜空中緩慢運轉的遙遠星系。

最後的魔術師

《原理》讓牛頓與眾不同，成為啟蒙時代的傑出思想家。這是相當卓越的成就，因為後來證實，科學只是牛頓人生中的興趣之一。牛頓死後所遺留下的盒子中（就是那個放有三位一體異端文稿的盒子）還有其他文件，內容包含數十萬字的煉金術

實驗與想法，以及包含所羅門聖殿規模計算的《聖經》研究。

　　牛頓是個煉金術士，他在格蘭瑟姆寄宿於藥劑師家時首次學到相關技術，並且運用這些技術重做古老實驗，試著將鉛煉成金。他也是《聖經》學者，試著再現古老的智慧。他相信造物主已在四處留下線索好讓他閱讀，而且那些線索不只是科學上的線索。

　　牛頓是基於個人需求而去理解世界，這理由也讓他覺得無需急著與他人分享自己的發現，所以才需要像哈雷這樣的人將他的發現挖掘出來。「洞察世上無人知曉的事情，是一種掌握力量的極致體驗，」小說家及歷史學家彼得・阿克羅伊德（Peter Ackroyd）說，「也許他希望盡可能延長這樣的時刻。」[11]

　　對牛頓而言，科學、煉金術與《聖經》同樣都是了解上帝造物過程的合理方式，同樣都是接近神的大道。事實上，牛頓花在煉金術與解碼《聖經》的時間，遠多於科學研究 —— 他甚至預言 2060 年是世界末日。更不用說他花費 28 年的時間規範英國貨幣，並以倫敦皇家鑄幣局（Royal Mint in London）局長身分追捕偽造者。

　　若說牛頓是個矛盾之人，可能是因為他在歷史的定位。「他生於蒙昧、晦澀且魔法尚存的世界，」作家詹姆斯・格雷克

10　Sir David Brewster, *Memoirs of the Life, Writings, and Discoveries of Sir Isaac Newton*, 1855.

11　Peter Ackroyd , *Newton*, Vintage, London, 2007, p. 29.

（James Gleick）說，「他的名字預告了世界體系即將到來。但對牛頓而言，對知識的探索是多元、千變萬化且無窮無盡的，永不會有完結的一天。他從未將物質與空間從上帝之中分離出來。他從未除去眼中所見大自然的那些奧妙隱匿且神祕的特質。他找尋秩序，相信秩序，但也從不避諱混亂。他完全不信奉牛頓學說。」[12]

20世紀的經濟學家約翰‧梅納德‧凱因斯（John Maynard Keynes）也曾表達相似的看法。他在牛頓誕辰200周年紀念日時寫下：「他是最後一名偉大的思想家，他與不到一萬年前留下智慧遺產的智者，都以相同的眼光觀看現實與知識的世界。他不是理性時代的先驅，而是最後的魔術師。」

---

12 James Gleick, *Isaac Newton*, HarperCollins, London, 2004, p. 8.

CH 3　當心三月的潮汐
牛頓的重力理論何以成果豐碩，
不只可以解釋行星的運行，還能說明海洋潮汐現象

> 人生總是潮起潮落，順著潮水，便能駛向財富。忽略不管，整個人生航程只會擱淺受苦。── 莎士比亞戲劇《凱撒大帝》（*Julius Caesar*）[1]
>
> 時間如潮水，永遠不等人。──《舊約聖經‧箴言》（Proverb）[2]

三月中旬一個明亮寒冷的清晨，藍天上還掛著一輪近乎滿月的皎白明月。我們有數百人，在河岸上滿心期待的等候著。現場甚至還有一個電視新聞小組，一位穿著蓬鬆紅夾克、圍著名牌圍巾的年輕女性正對著鏡頭說話。人們不時低頭瞄一下手錶，再將目光移回下游處。但大家什麼都沒見到，只有廣大的河流靜靜流向大海，還有 2 隻有趣的天鵝在對岸反覆抬起牠們雪白的屁股。

1　William Shakespeare, *Julius Caesar*, Act IV, Scene 3.
2　雖然這句話公認出自中世紀英國作家喬叟（Geoffrey Chaucer），不過它第一次以這樣的文字呈現是在十八世紀。目前被列為諺語收錄在 Nathan Bailey 的 *Dictionarium Britannicum: Or, A More Compleat Universal Etymological English Dictionary Than any Extant*（Second edition, 1736）。

時，規模會變大，速度也會提升。

大潮皆發生於春天與秋天，因為包括塞文大潮在內的全球大潮都只是海洋潮汐的極端表現，而潮汐落差最大的時間都發生在春秋兩季。潮汐既然受到月亮影響，塞文大潮當然也不例外。值得注意的是，載著受驚天鵝、愉悅衝浪者與划船者的區域性疾速超級大潮，竟是受到太空中384,000公里遠的天體影響。

天空中的月亮如此之小，舉起手臂、伸出大拇指就能遮住月亮。寒冷三月天在地球塞文河所發生的事情是由月亮造成，聽起來似乎很荒謬。難怪長久以來，沒有人猜得到塞文大潮的成因，也沒有人猜得到潮汐的成因。

為潮汐所困

無人知曉潮汐是何時開始受到注意。從180萬年前的直立人（*Homo erectus*），到6萬年前的現代人，我們的祖先在幾個契機下離開非洲的搖籃，往世界各地擴散。他們很可能沿著海岸線往世界各地而去，因為這麼做不但可以避開高山、沙漠與森林的障礙，還可以從鄰近海洋確保食物來源。[5]當我們的半人類與全人類祖先赤腳穿過潮濕的沙灘時，顯然發現到一件事：海水像呼吸般每天湧入沙灘2次，然後又退去。在懸崖或任何海岸線為垂直之處，更可以清楚感受到海水的漲退潮運動，必

定是某種更重要事物所造成的結果：每天2次，海水神祕的上升又退去。

　　光陰似箭，時間飛逝。人們發展農業，開始居住在城市，也開始觀察形塑我們所在世界的各種現象。因為地緣巧合，西方的古老文明沿著地中海興起，這裡難以感受到潮汐。人們對此現象無知，而這份無知在西元前55年及54年時，讓帶著羅馬艦隊離開地中海入侵英國的凱撒嘗到嚴重苦果。

　　事發當晚正值滿月，此時這片海域通常都會漲潮；但我方並不知情。因此在同一時間，潮水開始淹入我們的戰船，那是凱撒原本要駛近海岸、運送軍隊上岸的船隻；洶湧的浪濤開始拍打在下錨停泊的運輸船上，使得船與船之間相互碰撞。[6]

　　莎士比亞的戲劇中，有位先知曾在凱撒被謀殺前夕，警告他要「當心三月十五日」。如果凱薩確實接到這則忠告，或許他的艦隊在大西洋上受到的損失就不會這麼慘重了。這個警告確實有其道理。雖然關於潮汐的知識在羅馬時代並不普及，但其實約在西元前330年前，人們就已經發現潮汐的關鍵特性。

5　Kieran Wesrley and Justin Dix, 'Coastal environments and their role in prehistoric migrations', *Journal of Marine Archaeology*, vol. 1, 1 July 2006, p. 9 (http://www.science.ulster.ac.uk/cma/slan/westley_dix_2006.pdf).

6　Julius Caesar, 'Caesar in Britain. Heavy Damage to the Fleet', *History of the Gallic Wars*.

希臘天文學家及探險家皮西亞斯（Pytheas），從實際上被陸地
包圍的地中海駕船駛向英國。皮西亞斯第一次進入廣大無垠的
大西洋時，有了重大發現。[7]潮水在新月及滿月時最大：新月
時，太陽完全照不到月亮；滿月時，太陽則會照亮整個月亮。
真是奇特，潮汐顯然受到月亮的影響。

　　當太陽與月亮在太空中的位置，造成太陽照到整個月亮或
是完全照不到月亮時，就是漲潮最高的時候；事實上，這樣的
觀察發現強烈暗示著太陽對此現象的影響，皮西亞斯也明白這
一點。在地球繞行太陽的2個特別時間點，也就是一年之中的
春季與秋季，潮水會漲得比較高，這也印證了此現象與太陽有
關。

　　明白潮汐這項關鍵特性，顯然為了解此現象成因踏出非常
重要的第一步。然而，在皮西亞斯之後近2,000年的時間中，還
是沒人能解釋這個令人困惑的奇觀。

　　西元8世紀初，身兼編年史學家的英國修道士聖畢德尊者
（Venerable Bede）注意到，英國沿岸港口漲潮的時間不一。這
意味著，除了月亮及太陽的影響外，區域地形在決定潮汐特性
上也具有重大影響 ── 被陸地包圍的地中海沒有明顯潮汐，而
塞文河漏斗般的河口卻出現大潮，則強化了這個觀點。

　　在找出潮汐的成因上，聖畢德尊者跟其他人一樣陷入五里
雲霧中。他猜測月亮將海洋吹向陸地。月亮些微移動時，海洋
所受的氣息就微弱些，於是海洋就回到原先的位置。「這就像

是（海洋）受到月亮呼氣所迫，身不由己的被拖曳向前，」聖
畢德尊者寫道，「當月亮的力量停止，它又奔流回適當的位
置。」

13世紀的阿拉伯醫師暨天文學家扎卡利亞・卡茲維尼
（Zakariya al-Qazwini），首次嘗試以科學解釋潮汐。據他所
言，潮汐是為因太陽與月亮加熱海水，使得海水從加熱點向外
擴張所造成的結果。雖然看似合理，卻依舊無法解釋對潮汐有
最大影響的為何是月亮而非太陽。月亮牽引的潮汐是太陽的2
倍大。

1609年，可能是受到吉爾伯特發現地球磁場的影響，克卜
勒提出潮汐是月亮與太陽對海洋的磁吸力所造成。伽利略雖崇
拜克卜勒，但他對這種「幼稚」的想法感到震驚。天體可以穿
越太空影響地球的整個概念，對他而言太過「神祕難解」。伽
利略反而認為，地球自轉再加上繞太陽公轉的綜合影響才會形
成潮汐，他主張地球的自轉會造成海洋來回振盪。

事實上，沒有人有絲毫機會發現潮汐的成因，因為沒有人
有正確的數學工具去計算。直到牛頓出現為止。

牛頓獨自創建了世界體系，將地球與天體統整在一個理論
架構中。牛頓獨自發現了萬有引力定律。他明白這個定論所影

7　Martin Ekman, 'A concise history of the theories of tides, precession-nutation and
　　polar motion (from antiquity to 1950)', 1993 (http://www.afhalifax.ca/magazine/
　　wp-content/sciences/vignettes/supernova/nature/marees/histoiremarees.pdf).

響的範疇，將遠超過行星繞太陽運轉的層面。他在自己的鉅作《原理》中，有條不紊的探索這些結果，其中最重要的就是潮汐。

潮汐：月亮關聯性

在估算地球對月亮的引力時，牛頓就已經假設地球各區域對月亮的引力都相同，就像是地球的全部質量都聚集在其中心點一樣。他也運用自己新發明的微積分驗證了這個假設。但假設地球是個質點，只不過是個概算值而已。事實上，地球當然是個龐然大物，也因為它是個龐然大物，有些區域自然會比其他區域更接近月亮。地球上靠近月亮的地方，所受的月亮引力會比其他地方來得大。牛頓心裡明白，重力的這些差異會產生極大影響，而這些差異對海洋的影響會更加顯著，因為水不像岩石，它可是能自由移動的。

想像一下當海洋在月亮正下方的情況。表面的海水比較接近月亮，海底的海水距離月亮較遠，因此表面海水比底層海水所受的引力影響更大。牛頓知道，引力的不同造成表面海水被拉離底層，因此海洋會往月亮的方向漲起。

然而，還不只如此。想像一下海洋位在地球面向月亮的對側。這時海底的海水距離月亮近些，表面的海水距離月亮遠些，所以月亮對底層海水的引力會大於對表面海水的引力。引

力的不同造成底層海水被拉離表面,所以海洋會再一次向上漲起。

根據牛頓的推理,月亮會使海洋漲起2次:一次在海洋最接近月亮時,一次在海洋離月亮最遠時。[8]

不過地球並非靜止,而是會自轉的。這代表海洋每24小時會漲起2次。站在海邊沙灘上的人所看到的就是,海水每24小時會上升及下降2次。牛頓因此解釋了史上無人可解釋的「為何一天中有2次潮汐」的情況。這不過就是萬有引力隨著距離減弱的結果而已,但在牛頓之前當然無人知曉這樣的定律。

其實這裡有個微妙之處,牛頓也知道這點。任何地方的潮汐周期都不是恰好24小時。周期大約是25小時,事實上西元前330年前的皮西亞斯也注意到這件事。

再想像一下月亮的情況。月亮位於自轉地球的上方時,可不會靜靜待在地球海洋上空的某個位置。相反的,它會繞著地球旋轉,方向與地球自轉相同,每個旋轉周期要27.3天。這代表在月亮正下方的海洋,不會在24個小時後又回到月亮的正下方。此時地球自轉一周,而月亮也在軌道上運轉。所以地球海洋在月亮正下方的時間點,還要再多轉1/27.3圈,也就是24小時的1/27.3,大約53分鐘。因此,2次潮汐的周期不是24小

8　海洋距月球最遠時的潮汐力,會比距月球最近時的潮汐力小一點,大約是 $(60/62)^2 = 0.94$ 倍。因為海洋距月球最遠時有62個地球半徑,而最近時距月球有60個地球半徑,結果就是潮汐漲起的程度會小一點。

時，而是24小時53分。無論在海岸的任何地方，要精準預估漲退潮時間，都需要詳細的潮汐表，而這只是諸多原因之一。

月亮每天升起的時間晚53分鐘，潮汐每天也延遲53分鐘，更加證明潮汐主要是受到月亮影響。

但為何地中海的潮汐如此微弱？答案是：有一半跟地形有關，另一半則跟海洋深度有關。地球自轉時，二度漲起的潮水會經由海洋往西側流動。這代表潮水從印度洋流向地中海。不幸的是，這個路線中間有「中東地區」這座磚牆，結果就是漲起的海水無法流入地中海。

但當月亮就在地中海上方時又是如何呢？在這種情況下，月亮將會讓地中海漲起，但程度過於微小。原因在於，月亮引力對表面海水與底層海水的差異取決海水的深度。如果海洋過淺，差異就小，潮水漲起的程度也就比較小；如果海洋較深，差異較大，漲潮程度就會明顯。地中海其實是比較淺的海域，它的平均水深只有1.5公里，大西洋則有3.3公里。結果就是地中海的潮汐還不到大西洋的一半大，即使月亮就在地中海正上方也一樣。

雖然教科書及科普書常將海洋的2次漲潮幅度描寫得很巨大，但其實小到不值得一提，不過通常大家都不這麼認為。在海洋中間區域，月亮引力最多只能將海水拉高1公尺 —— 還不到地球半徑的千萬分之一。但海洋占有廣大區域，這片廣大區域漲高1公尺可是意味著極大的水量。當這些海水流入海岸附

近的淺水區域，它就會像海嘯那般升高許多。雖然海洋中間區域的潮水不明顯，但在海岸邊的潮水可是會超過10倍大。

潮汐：太陽關聯性

　　如同皮西亞斯所發現，潮汐現象是由月亮與太陽共同引力所造成，不單只是受到月亮引力的影響。為何是受這兩個天體影響的理由其實很簡單：它們是對地球有最大引力影響的天體。月亮比起太陽微乎其微，卻極為靠近地球，也因為靠近這一點勝出。這就是為什麼月亮所牽引的潮汐為太陽所牽引的2倍大（由此可推斷，月亮的密度是太陽的兩倍[9]）。

　　如同預期，最大潮汐發生在地球與太陽彼此作用加成時。這種現象會出現在春季與秋季，但不容易觀察出來。然而，關鍵在於地球的自轉軸傾斜23.5度。這意味著月亮的軌道也會傾斜。[10]從幾何學來分析的話，只有在月亮及太陽與地球可以完

9　月球牽引的潮汐為太陽的2倍大，牛頓從這個觀察發現得以推導出月球的密度約是太陽的2倍。他的邏輯如下：天體所產生的潮汐力，取決於它的質量；潮汐力也會因重力不同而有所不同，所以會隨著立方反比定律而非平方反比定律而減弱。一距離為r且質量為m的天體，其所產生的潮汐力為~m/r^3。但m~ρd^3，這裡的 ρ 是天體的平均密度，d為它的直徑。d就是rθ，這裡的 θ 就是天體在天空中的角度。整合所有條件，潮汐力即為~$\rho \theta^3$。但基於宇宙中的巧合，太陽與月球的角度幾乎一樣 —— 這也是為什麼在日全食時，月球可以完全遮住太陽。結果就是，月球與太陽的潮汐作用力與其密度呈正比 —— 這結果真令人吃驚。由於月球產生的潮汐是太陽的2倍大，所以可得出月球的平均密度必是太陽的2倍。

全連成直線時，它們才會對地球海洋產生最大影響，也就是在地球夏季與冬季轉換的半途，即春季與秋季。

　　要完美連線的必備條件是，月亮與太陽都在地球的同一側，或月亮與太陽分別在地球的對側。同側時，月亮被陰影所覆蓋 —— 即為新月；對側時，月亮被完全照亮 —— 即為滿月。這就是為什麼最大潮汐與最大塞文大潮，都發生在春季與秋季的滿月或新月時。[11]

　　但月亮與太陽不只會對海洋產生潮汐作用，它們對整個行星都有潮汐作用。不過因為地球上的石頭比水更為堅固，所以潮汐作用對陸地的影響極小，也很難看得出來。值得注意的是，雖然古代人並不了解陸地的潮汐作用，但此作用在當時已經被注意到了。

陸地潮汐作用：井水與泉水

　　潮汐有許多難解的特性，像是它們出現2次的周期不是24小時，而是25小時。它們因為季節及月亮周期而有許多變化，也因為區域地形而有所變化。但其中一項特性似乎比其他特性更匪夷所思，希臘哲學家波希多尼（Poseidonios）是最先注意到這項特性的人士。

　　波希多尼活躍於西元前135年到前51年間，他在西班牙大西洋沿岸觀察潮汐，也觀察井中的水位。他注意到非常奇特的

現象：海洋中的海水上升，井中的水位卻會下降，反之亦然。
波希多尼的原始觀察紀錄已經佚失，但活躍於西元前63年到西
元25年的希臘地理學家斯特拉波（Strabon）在自身著作《地理
學》（*Geographika*）中提到這件事：

在多洛雷斯（Gades；今日的卡迪斯〔Cadiz〕）西拉克列猶
（Heracleium）神廟中有座噴泉，往下走幾步就可到泉水邊（適
合飲用），泉水的狀態與海水的漲退潮剛好相反，海水漲潮時
泉水的水位下降，海水退潮時泉水的水位則會上升。

像泉水或井水這類區域性水域，竟然會與海水的狀態完
全相反，這到底是由什麼所造成的？在人們尚未解開潮汐的
神祕成因之前，這似乎難有答案。事實上，讓人難以置信的
是，直到1940年，名為哈伊姆・萊布・佩克利斯（Chaim Leib
Pekeris）的美國地球物理學家才解開這個謎團。[12]

潮汐可定義成，某物體的引力對另一物體所造成的形變，
而水的形變只是其中之一。事實上，月亮引力對正下方岩石所
造成的膨起，就跟它對正下方海水所造成的漲潮一樣，但因為

10 月球軌道平面向地球赤道傾斜，與赤道平面的夾角大約介於18.28至28.58
度之間。

11 精準來說，最大的塞文大潮發生在新月及滿月出現後的1至3天。

12 Chaim Leib Pekeris ,'Note on Tides in Wells', *Travaux de l'Association
Internationale de Géodésie*, Paris, vol. 16, 1940.

岩石要比水來得堅固許多，所以膨起的程度要小得多了。固體地球上的任一處每25小時會膨起再縮回，對岩石產生拉張與擠壓作用。

我們假設挖井處的岩石具有許多孔洞，所以能吸收水分。這個假設絕對有可能成立，因為井中有水就表示其周遭必有水。因此，岩石一被拉張，周遭的岩石就像會吸水的海綿般吸入井中的水，當岩石被擠壓時，水就會噴回井中。

岩石與海洋在漲潮時被拉張，退潮時被擠壓。結果就是，井中的水在漲潮時被吸走，於是水位下降；退潮時水又噴回井中，於是水位就上升。這就是波希多尼所觀察到的現象，不過直到2,000年後，佩克利斯才終於有了解釋。

潮汐陸地作用：大型強子對撞機

潮汐對固體行星的影響，有個更現代化也更高科技的例子。歐洲核子研究組織（CERN）位於日內瓦附近的歐洲量子物理實驗室裡，次原子粒子正以驚人速度繞著26.7公里長的地下軌道運轉。當牛隻在法國與瑞士邊境的原野上靜靜吃草，位於牠們正下方一百公尺左右處，物質的微觀結構體正進行著無法想像的猛烈撞擊。入射粒子的運動能量，就像無中生有的魔術那般，轉換為新粒子的質能。[13]當次原子粒子從碰撞點加速向外四散，會被巨大的偵測器測得。在這些四散的碰撞粒子

中，希格斯粒子（Higgs particle；希格斯場中的「量子」）就是
負責讓所有其他次原子粒子擁有質量的粒子。這個現象於2012
年7月被發現。

　　希格斯粒子是經由大型強子對撞機（Large Hadron Collider）
所發現，這種對撞機讓質子束分別以99.9999991%的光速，反
向繞行地下環狀軌道後彼此碰撞。[14]不過大型強子對撞機所占
據的軌道，其實以前是由另一台粒子加速器「大型正負電子對
撞機」（Large Electron-Positron Collider）所使用，此對撞機會
將電子與其反粒子，也就是正電子，進行相撞。物理學家在
1992年使用大型正負電子對撞機時，注意到粒子束能量的某些
特殊情況。[15]

　　正負電子對撞機環形的軌道周圍，分布了超過3,000個電磁

---

13 1905年，愛因斯坦發現質量就只是能量的超聚合形式（他的方程式 $E = mc^2$
　　即精準表現出質能間的相關性，其中 c 為光速）。根據能量守恆定律，能量
　　無法創造或摧毀，只能從一種形式轉換成為另一種形式。這意味著次原子
　　粒子的運動能量（動能）經碰撞可轉變成新粒子的質能。概括而論，這就
　　是在歐洲核子研究組織中，那些粒子加速對撞機在做的事。
14 從技術層面來說，具有7兆電子伏特（teraelectonvolts；TeV）能量的質
　　子，能夠給出整整14兆電子伏特的撞擊能量。以99.9999991%的光速，
　　它們每秒可繞歐洲核子研究組織的軌道11萬次。它們的「勞倫茲乘數」
　　（Lorentz factor）γ為7500，這代表它們的質量為靜態時之質子的7,500倍。
　　這是愛因斯坦特殊相對論的作用，當物體趨近於光速，它的質量會增加，
　　讓物體更難推動，以致物體永遠無法達到光速（詳見第五章）。雖然大型
　　強子對撞機的質子，每秒能以光速走約3公尺的距離（只有慢跑者的速
　　度），但若想提高速度，會需要無限大的能量。
15 每個次原子粒子都有孿生反粒子，反粒子在電荷與量子「自旋」這類特性
　　上會相反。負電子的反粒子就是帶正電的正電子。

鐵，會限制正負電子的活動，使其不斷彎曲偏離它們原先受慣性驅使所走的直線路徑。不過物理學家們發現，粒子束每25小時會些微飄出軌道2次，然後再回到原先軌道。為了避免粒子束飄出軌道，物理學家必須緩慢持續增加粒子的能量，以抵消飄移的作用，並在之後再降低能量。粒子束所需的能量變化極小，大約是萬分之一。

　　究竟是什麼原因造成粒子束周期性的飄出軌道呢？物理學家困惑了一段時間後，終於明白了一項神奇的事實：潮汐每25小時漲退潮2次，而對撞機所觀察到的現象就與潮汐有關。

　　對撞機環狀軌道就建在岩石中，而岩石每25小時會膨起2次。岩石的拉張會造成對撞機收縮。地殼每25小時會下降2次，壓迫岩石造成對撞機膨大。地殼上下移動的距離只有25公分，最多只會讓對撞機軌道周長改變1毫米。[16]但這樣的變化已足以讓繞行的粒子必須增加能量，以調節大約萬分之一的軌道偏移。[17]

　　滿月或新月時，也就是太陽與月亮連線並彼此加強對地球的影響之時，這個作用當然更大。潮汐對固體地球的影響，難以想出比這還要高科技的證明了。[18]

月震

　　不過，地球上的岩石並不是唯一會感受到潮汐拉張及擠壓

的岩石，月亮上的岩石也會。實際上，地球對月亮造成的潮汐作用，要比月亮對地球造成的潮汐作用要大得多，因為地球的質量約是月亮的81倍。但不要傻傻的以為月亮上的潮汐就會是地球上的81倍大。別忘了，潮汐不是單靠引力造成，它靠得是引力的差距。月亮的直徑只有地球的1/4，這意味著月亮只有1/4的長度可以讓引力表現出差距。所以地球對月亮造成的潮汐作用，並非月亮對地球造成之潮汐作用的81倍大，而大約是這個倍數的1/4，也就是20倍左右。[19] 雖然如此，這已經足以將月亮拉張約10公尺。

我們總認為月亮是冰冷死寂的世界，始終維持著四處都是荒蕪灰色隕石坑的樣貌。但潮汐作用對月亮的拉張與擠壓，意味著月亮不像大眾所想是個沒有變化的世界。其實在望遠鏡尚

---

16 L. Arnaudon et al., 'Effects of terrestrial tides on the LEP beam energy', *CERN SL*/94-07 (BI), 1995 (https://jwenning.web.cern.ch/jwenning/documents/EnergyCal/tide_slrep.pdf).

17 讓質量為m的物體，在半徑為r的環狀軌道上，以速度v持續繞行，需要指向中心的「向心力」$F = mv^2/r$（請見第一章）。如果軌道的半徑加大，由對撞機磁鐵持續產生的力F，會大到難以讓粒子保持在加大軌道中運行。除非與粒子能量相關的v^2可以增加到相同比例。另一方面，若軌道半徑變小，磁鐵產生的力F會小到難以讓粒子保持在變小軌道中運行。除非粒子的能量可以減少同樣的比例。

18 在歐洲核子研究組織加速器軌道上的潮汐影響，並非該實驗室裡的物理學家所發現的唯一影響。每一天在某些特定時間點，粒子束的能量都必須校正。物理學家耗費數個月的時間才找出原因。起因十分奇特，竟是連結日內瓦與巴黎的法國高速火車。火車行進間靠近對撞機軌道時，會將大量的電能釋入地下，進而對粒子束產生干擾。

19 運用同樣的邏輯，可以預測地中海的潮汐力不到大西洋的一半，因為地中海的平均深度不到大西洋的一半。

未發明之前，大約每幾個月就有人表示，看到月亮上有奇特的亮光。舉例來說，最早的觀察紀錄之一發生在1178年6月18日，坎特伯雷大教堂（Canterbury Cathedral）的5位修士表示那天曾看見月亮上有爆炸。這個神祕的亮光，就是所謂的月球瞬變現象（Transient Lunar Phenomena），是月亮上最神祕的事物之一。

在望遠鏡的時代中所觀察到的月球瞬變現象，有幾個共通點。它們是局部的，比人眼所能分辨的極限再大一點而已，推測涵蓋區域至少有1平方公里。持續時間從1分鐘到幾小時不等。月亮表面會變亮、變暗，或甚至變模糊。在現象消失之前，有時會轉變成鮮紅色。

有很長一段時間，許多天文學家相信月球瞬變現象只存在於「觀察者的眼中」，而非月亮本身出現的現象。但2002年紐約哥倫比亞大學的亞林·克洛茨（Arlin Crotts）篩選了歷史上的1,500個觀察紀錄。他發現月球瞬變現象最可信的發生點只有6個：有一半發生在直徑45公里的阿里斯塔克斯隕石坑（Aristarchus crater），有1/4則在直徑100公里的柏拉圖隕石坑（Plato crater）。[20]

這六處都是月球地殼嚴重破裂之處，有的在較近的幾億年內受到小行星或彗星撞擊，有的則曾在38億年前受到一場極劇烈的撞擊，造成月亮內部的岩漿流出形成月「海」（Maria）。[21]

除阿波羅任務之外，所有留在月亮上的地震儀都記錄到幾

百個「月震」，而且當地球上的潮汐作用達到最大，月震毫不意外的會更常發生。絕大多數的月震發生在月海的邊緣地帶，那裡的岩石大多都有裂縫。不只如此，阿波羅十五號、阿波羅十六號與1998年起繞著月亮運轉的月球探測器，都偵測到月球表面偶爾會噴出放射性氣體氡，而且只發生在會有月球瞬變現象的那六處。

　　氡是鈾的衰變產物，分布在月球的內部岩石中。因此克洛茨推測，當月震導致氣體從月球深處經由裂縫溢出，就會出現月球瞬變現象。氣體從月球土壤（regolith）爆出前會累積壓力，進而爆出衝向天空。

20　Arlin Crotts, 'Transient Lunar Phenomena: Regularity and Reality', 2007 (http://xxx.lanl.gov/PS_cache/arxiv/pdf/0706/0706.3947v1.pdf).

　　Arlin Crotts, 'Lunar Outgassing, Transient Phenomena and the Return to the Moon, I: Existing Data', 2007　(http://xxx.lanl.gov/PS_cache/arxiv/pdf/0706/0706.3949v1.pdf).

　　Arlin Crotts and Cameron Hummels, 'Lunar Outgassing, Transient Phenomena and the Return to the Moon, II: Predictions of Interaction between Outgassing and Regolith', 2007 (http://xxx.lanl.gov/PS_cache/arxiv/pdf/0706/0706.3952v1.pdf).

　　Arlin Crotts, 'Lunar Outgassing, Transient Phenomena and the Return to the Moon, III: Observational and Experimental Techniques', 2007 (http://xxx.lanl.gov/PS_cache/arxiv/pdf/0706/0706.3954v1.pdf).

　　Marcus Chown, 'Does the Moon have a volcanic surprise in store?', *New Scientist*, 26 March 2008.

21　月海盆地的形成與晚期大撞擊時期（Late Heavy Bombardment）有關。據信這是發生在木星與土星正移往現在位置時，木星與土星短暫的進行了2:1的共振態，當木星繞太陽轉2圈，土星正好繞太陽1圈。這兩個行星會定期靠在一起，使得它們對其他物體的引力作用增大。就像孩子周期性的推動秋千，讓秋千盪得更高，像岩石小行星之類的小型物體會被推離軌道更遠，進入太陽系內部，撞擊像地球與月亮這類內行星。

　　克洛茨認為，散溢至真空中的半噸氣體所累積的壓力就足以刺穿月球土壤，形成瀰漫數公里並持續5到10分鐘的雲霧。這些溢出的氣體若不是蓋住月球表面形成陰影，不然就是閃閃發亮，因為氣體裡夾帶的塵粒散布到真空時，會比聚集在月球表面時，反射出更多的亮光。塵粒間的摩擦也可能分離出正負電子，最終觸發如同閃電的「放電擊穿」效應（breakdown discharge），也就是激發氣體原子，造成散射產生特有的紅光。

　　根據克洛茨的計算，地球引力對月亮周期性的潮汐拉張與擠壓，每年會磨碎10萬噸的岩石（大約等同一艘航空母艦的噸位），也因此會釋出大約100噸的氣體。

　　這樣的猜測可不是空穴來風，因為美國原本打算再執行其他人類登月計畫。但阿波羅十八號後來取消了發射計畫，因為它原本預定登陸的地方確實就是月球瞬變現象主要發生地點之一。如果在登陸時發生了月球瞬變現象，對太空人來說將會非常危險。試想一下這樣的場景：

　　2025年7月20日，月球阿里斯塔克斯隕石坑附近地區：在阿波羅十一號登陸整整56年後，美國太空總署的厄爾泰爾二號（Altair 2）的登陸小艇在幾小時前著陸，太空人在超過半個世紀後的現在，再次踏上月球。突然間，隕石坑的大片地面開始震動，大量氣體爆發將塵粒噴到真空中。因爆炸而停下腳步的太空人回頭看看他們的登陸小艇，但小艇已經不在那裡。它消

失在一片銀灰塵粒的滾滾雲霧中。

　　如果克洛斯是對的，對人類而言，月球會比任何人所猜想的還要來得危險。這完全是牛頓定律的潮汐作用所產生的結果。

　　既然月震是因地球對月球岩石的潮汐力所引發，我們自然而然就會猜想，那麼地震是否也是月球對地球岩石的潮汐力所造成。但似乎不是這樣 —— 至少大型地震不是。但有趣的是，2011年2月22日在紐西蘭基督城發生的大地震，其餘震被發現與月亮在天空中的位置有關。[22] 雖然目前還不能完全證實，但可能的原因也許是，大地震造成岩石處在不穩定的狀態，因此即使是極小的力量也很容易再次移動岩石。

潮汐作用造成月球自轉變慢

　　潮汐作用對地球與月球的影響，不單只是造成每個物體的形變，導至地球海洋的漲退潮與月球上的月震而已。它們對地球與月球的整個體系有著更深遠的影響。舉例來說，過去曾有段時間，月球的轉速要比今日快了許多。因為地球潮汐力量的相互作用，造成月球的自轉變慢。

---

22 L. Chen et al, 'Correlations between solid tides and worldwide earthquakes MS ≥ 7.0 since 1900', *Natural Hazards & Earth System Science*, vol. 12, 2012, p. 587.

月球自轉較快時，因地球引力所造成的膨起部分，會在自轉的帶動下不再面向地球。然而，地球的引力會將這個遠去的膨起拉回，因而對月亮的自轉造成阻礙。最終月亮自轉的速度會慢到某種程度，讓它在環繞地球軌道旋轉一圈時，也只自轉一圈。

這就是今日的情況。月亮的其中一面（月球近端）永遠指向地球，而月球遠端始終遠離地球。事實上，當蘇聯的月球三號探測器於1959年10月7日飛過月球時，月球的遠端才首次為世人所見。[23]

因為月球「同步」自轉，所以由地球引力所造成的潮汐膨起，會永遠指向地球。既然膨起的部分不再受月球自轉所帶動，那麼過去將膨起部位拉回、阻礙月球自轉的地球引力，對月球自轉就不再有任何影響了。事實上，從月球自轉周期首次與公轉周期一致後，月球自轉的狀態就被「鎖死」了。

潮汐作用造成地球自轉變慢

但月球並非唯一受到潮汐相互作用而自轉變慢的星體，地球的自轉也變慢了。只不過潮汐作用對地球的影響，並不如對月球的影響來得巨大，因為相較之下，地球是個極重的飛輪，要改變其運動所受的阻力更大。想像一下地球面向月球的海洋區域漲潮的情況。因為地球自轉較快，漲起的部分很容易就會

移動到地球與月球連線的前方。[24]而月球的引力會拉回正在遠
離的漲起部位，阻礙地球的自轉。

　　所以，必然出現的結論就是，地球過去的自轉速度一定
更快。而來自珊瑚的證據也可以證明這個結論。珊瑚這種海洋
生物最常出現在熱帶海洋，牠們會分泌碳酸鈣，形成堅硬的骨
架。與樹木每年生長形成的年輪一樣，珊瑚骨架每日每月的增
長也會形成規律環帶。計算珊瑚骨架環帶數就可以知道當時一
年有幾天。這裡的證據來自生長於35億年前的珊瑚化石，當時
一年約有385天。然而，一年的時間（也就是地球繞太陽公轉
的時間）似乎沒有變化，這就表示35億年前的一天少於23小
時。[25]

　　經過35億年的時間，一天才變慢約1小時，這意味著地球
自轉變慢的速度相當緩慢。但變慢的情況是永無止境且持續不
斷的。舉例來說，若前述狀況成立的話，我們現今的一天會比
一世紀前的一天長1.7毫秒。事實上，我們可以確定過去2,500
百年間，一天的長度每世紀增加1.7毫秒。明確的證據來自巴比
倫泥板（Babylonian clay tablets）。[26]

23　實際上，因為月球運轉產生的搖晃，即所謂的「天秤動」（libration），
　　還有在地球不同區域，我們會看見不同角度的月亮（所謂的「視差」作
　　用），所以我們大約可以看見59%的月球表面。
24　漲起部位與月亮有3度的夾角，所以漲潮預計到達的時間與實際到達的時
　　間，有3/360小時 × 24小時=12分鐘的不同。
25　Adam Hadhazy, 'Fact or Fiction: The Days (and Nights) Are Getting Longer',
　　Scientific American, 14 June, 2010.

　　當圓盤狀的月亮滑過圓盤狀的太陽，在正午時分讓世界陷入一片黑暗，巴比倫占星家就會使用這類泥板來記錄日全食。19世紀時，尋找磚塊與土壤的農民挖掘出多數泥板，並將泥板賣給巴格達的古董收藏家。巴格達位於巴比倫古城北方85公里處，這些泥板從那裡來到倫敦的大英博物館，讓博物館有了引以為傲、近乎完整的收藏品。許多泥板記載著所有日全食的精準時間。

　　然而，這些時間紀錄卻帶來了一個謎團。

　　舉例來說，西元前136年，一位占星家記載在4月15日早上8點45分時，月亮遮蔽了太陽，巴比倫陷入一片黑暗。我們沒有理由懷疑占星家的紀錄。然而，當現今天文學家像電影倒帶般，以電腦模擬回溯地球、月亮與太陽的運轉時，他們發現了難以理解之事。西元前136年4月15日，從巴比倫的位置理應看不到日全食，因為地球、太陽與月亮並未連成一直線，自然也不會產生日全食。事實上，「全食帶」（zone of totality）應該是通過巴比倫偏西48.8度的馬約卡島（Island of Mallorca）。

　　48.8度的差異為地球自轉一周的1/8，換算時間則是3.25小時。西元前136年4月15日發生日全食時，地球似乎比原來應該所在的位置又往東多轉了1/8圈。只有一種說法能解釋這個情況：在過去數千年中，地球自轉的速度必定變慢了。既然西元前136年迄今約有100萬天，所以即使一天只長了幾分之一秒，加總起來就足以解釋這次日全食3.25小時的時間差異。事實

上，對於巴比倫泥板紀錄的唯一合理解釋，就是西元前500年時，一天的長度比現今要少個1/20秒，而從那時起，每過一個世紀，一天的時間就延長了1.7毫秒。

古文明留在泥板上的刻痕，竟然蘊藏著如此精準的天文資訊，實在太神奇了。然而，此紀錄方法的非凡正確性卻來自於天文上的巧合，因為月亮與太陽現身在天空中的大小相同，因此日食的「軌道」最多只有250公里寬，所以要在地球上的任何特定位置看到日全食的機率極小。因此，若是古代某人在某特定地點記錄了日食，今日的天文學家並不需要知道精準日期才能確認紀錄，只要知道大概是在是某20年的區間中通常就足夠了。

這裡還有個同場加映的故事。地球潮汐膨起會造成人造衛星軌道產生些微改變，這意味著地球潮汐所造成的阻力，其實每經過一個世紀應該就會讓一天的時間延長2.3毫秒，而非今日所說的1.7毫秒。所以，必定還有其他因素影響了地球的自轉。這個其他因素證實與1萬3千年前結束的最後一次冰河時期有關。

在冰河時期，冰層巨大的重量壓在地球上，兩極區域被壓扁了一些，也讓地球中間變厚。冰河時期結束時，冰層開始融化，陸地開始緩慢升起。「冰河期後回彈」（post-glacial

---

26　Marcus Chown, 'In the shadow of the Moon', *New Scientist*, 30 January 1999.

rebound）的過程，至今仍在作用。此作用讓地球減厚變圓。如同溜冰選手緊抱手臂，旋轉速度就會加快般，結果就是地球自轉速度加快了。因而每經過一個世紀，一天的時間會減少0.5至0.6毫秒，於是在相互抵消的情況下，解釋了為什麼現今每過一個世紀，一天增加的時間是1.7毫秒而非2.3毫秒。

以長期來看，月球對地球自轉的阻礙，可能會讓地球自轉慢到地球的其中一面永遠面對月亮，就像今日月亮的一面永遠面向地球那樣。若真的發生，地球上會有一半的區域看不到月亮，就像現今的月亮有一半的區域看不到地球一樣。經過計算，這種地球自轉「鎖死」的狀態，將會在地球自轉慢到每47天才自轉一圈時發生。

要花費超過100億年的時間，地球自轉才能慢到這種程度。屆時太陽核心處的氫燃料早已耗盡，膨脹成一個紅色的巨大物體，將地球與月球焚燒或吞噬殆盡。事實上，地球自轉永遠不會出現月亮那種鎖死的情況，因為並沒有足夠的時間讓此情況發生。不過，太空中的確有其他的體系出現這樣的現象。當非常接近的「雙星」相互繞著旋轉時，就可能出現潮汐作用引發的自轉鎖死，兩顆星體永遠都以同一面來面對另一顆星體。在地球的附近區域中，冥王星與其衛星凱倫（Charon）就都出現潮汐作用引發的自轉鎖死現象。

逃離中的月球

　　月球對地球的潮汐作用會減緩地球自轉的速度，降低地球的「角動量」（angular momentum）。物理上有個基本定律就是所謂的「角動量守恆」，即單獨或「封閉」系統中的角動量永遠不變。因此，若地球的角動量減少，必有其他物體的角動量會代償性的增加。這個其他物體就是月球。

　　月球的引力在地球海洋造成兩處漲起（地球的兩對側），但靠近月球的那一側，會對月球有強大且顯著的引力作用。如之前所提，此漲潮處會跑在月球公轉軌道的前面，因為比起月球繞地球公轉的時間，地球自轉的時間較短些。因此，地球潮汐的引力會沿著軌道牽引月球，加快月球的速度。

　　還記得地球引力對月球所在距離產生的影響嗎？此引力剛好就是讓具有月球速度的物體，其運動軌道彎曲至我們所見的封閉軌道。因此，若月球的速度加快，它會跑得太快以致離開原先的軌道，使它能夠向外逃離。逃離代表遠離地球，逃離的方向會往「上」。如同我們所知，當球之類的物體被向上丟出，重力會減緩它的速度，讓它墜下。所以矛盾的是，月球因與地球的潮汐相互作用而加速，結果卻是在遠離地球的軌道上運行得更慢。這必然會增加月球的角動量。[27]

　　這不單單只是理論而已。美國載人的太空船阿波羅十一號、十四號與十五號，以及俄國無人駕駛的探測車月球車一號

起，冥王星已被認為並非成熟完整的行星了。

月球不尋常的大小，暗示著它的來源也很特別。據信地球於45.5億年前誕生不久後，便遭到一個跟火星質量相似的星體撞擊。「忒伊亞」（Theia）星體的劇烈撞擊，造成地球的外層液化，地函物質潑灑至太空中行成一環帶，正如同今日圍繞在太陽系氣態巨行星的那些環帶。環帶物質快速凝結成月球，但其繞行的軌道大約比今日靠近10倍。從此之後，月球就開始遠離地球。

月球起源的「大潑灑」理論（Big Splash），其關鍵證據來自美國太空總署的阿波羅計畫，此計畫發現形成月球的物質與地球外部「地函」相似。月球上的岩石也比地球最乾燥區域的岩石更為乾燥，意味著曾有極熱驅走了水分。問題在於，對於一個具有火星質量的天體而言，必須以極低的速度斜擦而過，才能在不粉碎地球的情況下創造出月球。但繞著太陽公轉的天體，無論是在地球軌道之內還是之外，都運行得太快了。

唯有忒伊亞確實曾與地球共用軌道，大潑灑理論才能成立，而且忒伊亞還必須由累積在穩定「拉格朗日點」（Lagrange point，也就是其位在地球之前或之後60度的公轉軌道上）的碎石所形成，這一切才可能發生。[30]今日，我們可以在木星公轉軌道前後的60度看見類似的太空碎石，這些碎石會形成一種重力藻海（gravitational Sargasso Sea）。根據大潑灑理論所說的轉折，忒伊亞在地球旁徘徊了幾百萬年，然後在軌道上發生了災

難性的碰撞。

　　當物體的引力隨著物體距離平方產生反比例的弱化，因引力差距所產生的潮汐力，就會隨著距離立方產生反比例的弱化。因此，由於月球生成的位置與地球的距離大概是今日的10倍近，月球對地球產生的潮汐力會是今日的10^3 = 1,000倍大。當時的地球剛從火焰中誕生，不可能有任何海洋。但如果有的話，海洋在2次漲潮時升起的高度可不是幾公尺，而是幾公里。

　　不過，不只是新生月球會對地球產生潮汐作用，地球對月球也有潮汐作用。其作用力同樣也是今日的1,000倍。事實上，阻擋月球自轉的汐潮力是如此之大，所以月球自轉的狀態可能在非常早期就已經鎖死了 —— 也許只在它狂暴誕生後的1億年間。由於地球上最早出現的微生物是在多年後才出現，大約是在40至38億年前，所以沒有任何生物曾在夜空中看過月亮遠端的那一面。

月亮並非總是逃得那麼快

　　一個有趣的問題是：月亮每年總是遠離地球3.8公分嗎？2013年，由印第安那州西拉法葉普渡大學的馬修・胡伯

30　在兩大天體因引力而連結的系統中，拉格朗日點的所在位置，即兩天體共同產生的引力可提供精準繞行軌道之向心力（請參考第一章）的所在位置。這樣的地點有5個，分別標記為L1至L5。

（Matthew Huber）所領導的團隊，思索著5億年前的情況。他們將當時的海洋深度與大陸輪廓的數據輸入電腦模型中，以模擬當時的潮汐情況。他們得到的結論為，月球在5億年前以較慢的速度遠離地球，其速度差不多只有現今的一半。[31]

這裡的關鍵在於北大西洋，今日的北大西洋寬廣得足以讓海水產生能夠牽引月球的巨大漲潮，因而導致漲潮較快消退。但大約5億年前，大西洋的面積還沒有這麼大，月球造成的漲潮較小，因此對月亮遠離的影響也比較小。當時地球潮汐對月亮的影響，其實主要來自太平洋。

還有另外一個證據能夠證明海洋潮汐的複雜性。潮汐的大小，以及潮汐對地球自轉與月亮遠離速度的阻礙程度，都取決於漲潮潮水在海洋移動的難易度。於是接下來就取決於大陸的地理位置了，而因為大陸漂移，或更正確的說法是板塊運動，大陸位置也隨著地質年代持續變化中。

長時間的板塊運動難以預測，所以要估算出讓地球自轉慢到只有一面永遠向著月球所需的時間極為困難。只能說，當地球在每47個現今的一天才自轉一次，且月球遠到繞著地球公轉一圈也需時47天時，這個目標就能達成，而這大概也要100億年後了。但就如之前所指出的，這完全只是假設，因為屆時太陽將會演化成有今日1萬倍大的紅色巨型怪物，並完全摧毀或至少破壞了地月體系。

潮汐還有一個最後的轉折。海水每日沿著大陸邊緣沖上海

灘時，無數的鵝卵石會一起落下及碎裂。石頭間的摩擦產生熱能，最終留在環境中。這種形式的能量喪失，其實就是地球自轉趨緩的終極原因。

地球潮汐產出的熱能不大。當你走進海中，沙子與鵝卵石不太可能燙傷你的腳。但太陽系中有個地方的潮汐所產出的熱能可不小：那就是伽利略於1609年所發現的木星巨大衛星「艾奧」。

披薩衛星

1979年3月8日，美國太空總署航海家一號（Voyager 1）探測船，以快過子彈的速度向木星系統飛去，並於1980年秋天航行至土星。但在它永遠離開木星這顆氣態巨行星之前，航海家團隊傳送指令給它的攝影機，讓鏡頭對準走過的路徑，並對艾奧進行最後拍攝。影像歷經60億公里的旅程傳回控制中心時，導航工程師琳達・莫拉比托（Linda Morabito）是最先看到影像的人。她看見影像時，心跳瞬間漏了一拍。在星光閃爍的太空背景映襯下，小小的新月正噴發出羽狀般的磷光煙霧。

莫拉比托是史上第一個看到艾奧超級火山的人。接下來幾

31　J. Green and Matthew Huber, 'Tidal dissipation in the early Eocene and implications for ocean mixing', *Geophysical Research Letters*, vol. 40, 2013.

天，航海家團隊審視影像強化的照片與熱能數據，他們總共看到8個大型噴發，將物質噴向太空中幾百公里高的地方。事實證明擁有超過400座火山的艾奧，是太陽系中出現最多地質活動的天體。散布在它如同披薩的焦黃橙色表面的噴口，讓人聯想到黃石公園的間歇泉。其實嚴格來說，它們就是間歇泉而非火山。艾奧衛星內層裡熔化的岩漿並沒有直接噴發，極熱的液態二氧化硫只是穿透表面，轉化成氣體從噴口噴出，就跟地球間歇泉裡的壓力蒸氣一模一樣。

艾奧每年向空中噴發出1,000億噸的物質，當這些物質因衛星的小小重力而落回地面，會在地表覆蓋一層硫化物，就像黃石公園噴氣孔周圍的沉積物一樣。這就是此衛星擁有披薩般外觀的原由。那黃橙般的顏色就只是硫化物在不同溫度時所展現出的「外觀」。

要了解艾奧的超級火山，顯然必須先了解質量有地球318倍大的巨大木星。艾奧公轉軌道與木星的距離，就跟月球軌道與地球的距離差不了多少。但此巨大行星的超強引力讓其衛星的公轉周期只需1.7天，不像地球的衛星需要27天。造成艾奧潮汐膨起的引力，早就阻礙了艾奧自轉，所以今日艾奧公轉時永遠只有一面向木星。如果有一天人們能站在艾奧的這一面，會看到什麼樣的景觀？當他們從太空衣的面罩向外注視木星與其衛星時，將會看到近四分之一的天空填滿了五彩繽紛的雲帶啊！

　　因為艾奧的自轉已經「鎖死」，木星引力對艾奧造成的兩處潮汐膨起，一處永遠指向木星，一處永遠背向木星。這代表潮汐不會在艾奧的岩石中傳遞，不像地球的漲潮會在海洋中流動。如果艾奧發生這樣的過程，就會對岩石產生一次又一次的拉張與擠壓，如同橡皮球反覆擠壓會生熱一樣，岩石也會因為內部摩擦而生熱。但這樣的過程沒有發生，所以艾奧應該也不會有木星潮汐造成的生熱情況。

　　但事實上，生熱情況還是發生了。

　　讓艾奧產熱的關鍵是另外兩顆名為歐羅巴與甘尼米德的「伽利略」衛星，它們的公轉軌道與木星的距離皆較艾奧為遠。事實上，甘尼米德還是太陽系中最大的衛星，甚至比最內圈的行星水星還要大。艾奧繞木星公轉4次時，歐羅巴可公轉2次，而甘尼米德才公轉1次。因為如此，這兩顆衛星會周期性的連成一線，相互強化了對艾奧的引力作用。它們對艾奧使勁一拉的結果，就是拉長了艾奧的軌道，因此造成艾奧擺盪，一下盪近木星，一下又盪回原位，如此反覆來回，就造成了艾奧產生大量的熱能。

　　艾奧的潮汐膨起確實是一處永遠指向木星，一處永遠背對木星。但當艾奧最靠近木星，膨起的程度會比離木星最遠時大。膨起縮回，膨起又縮回，造成岩石受到拉張及擠壓。這個過程對艾奧溫度上升的作用是如此強大，以至於當前太陽系中單位質量產熱最多的天體並非太陽[32]，而是艾奧。

冥王星與凱倫的祕密

在太陽系中，因為潮汐相互作用導致互相繞行的兩天體自轉鎖死，形成了永遠只以同一側面向彼此的體系。而木星與艾奧所組成的體系並非唯一這樣的體系，冥王星與其巨大衛星凱倫也是如此。

凱倫最引人注意的特點，就是其直徑是冥王星的一半。這讓冥王星有一陣子成為太陽系中，其衛星與行星本身在比例上相較之下最大的行星。但2006年時，國際天文學聯合會（International Astronomical Union）除去了冥王星的行星之名，將它降級為矮行星。因為科學家們發現，冥王星不過是太陽系外圍環帶中，繞著太陽旋轉的上萬冰塊碎片裡最大的一塊。

行星誕生之際，冰質星體所留下的殘冰碎粒形成了古柏帶（Kuiper Belt），因為這些殘冰碎粒太過分散，無法再組成行星。位於太陽系外圍的古柏帶，與太陽系內部的小行星帶（Asteroid Belt）極為相似。岩質星體在形成行星之時所留下的岩石碎粒，因為木星重力的關係，無法聚合成適當的星體，就形成了小行星帶。古柏帶的內緣靠近海王星，與太陽的距離大約是地球距太陽的30倍，外緣與太陽的距離則約是地球距太陽的50倍。雖然被命名為古柏帶，但它實際上是身為業餘天文學家的愛爾蘭退役軍人凱尼斯・艾吉沃斯（Kenneth Edgeworth）於1943年所發現，所以按理來說應該要名為艾吉沃斯─古柏帶

才對。

　　國際天文學聯合會於2006年條列出行星的定義，冥王星符合前兩條：在軌道上環繞太陽公轉，且行星本身為球體。但因為冥王星繞行時伴隨著大量古柏帶物體，所以不符合聯合會的第三條規定：行星要能清空其軌道上的其他所有天體。

　　2015年7月14日，美國太空總署新視野號（New Horizons）像高速火車般穿越冥王星─凱倫體系，掠過冥王星上方1萬4千公里處。10年前這艘探測船啟航時，冥王星還是顆行星，現在卻只是顆矮行星。然而，傳回的資訊卻震驚了地球控制中心的科學家，他們原先完全以為冥王星是個懸浮在極凍的太陽系外圍、毫無生命的死寂世界。但事實上，氮氣冰河與高聳入漩渦薄雲層的冰山，為冥王星帶來生氣。以冥王星發現者克萊德・湯博（Clyde Tombaugh）命名的粉紅心形區域「湯博區」（Tombaugh Regio）更讓人吃驚，裡頭完全沒有隕石坑，意味著這些是較近期才噴灑出來的冰層，它們除去了隕石坑的痕跡，

---

32 可以想見，太陽實際上用的可能是最沒效率的核反應。它將氫這個最輕元素的「核」，轉變成次重元素氦的核。氫帶有1個原子核，而氦有4個，所以「氫燃燒」是個多步驟過程。第一步驟要先將2個氫原子核或質子「融合」。但太陽中的2個質子大約得花費100億年才會相遇結合。這也是為什麼太陽需花費100億年才能燃燒完它的氫燃料（太陽目前大約已過了一半壽命），這時間已足夠讓人類之類的複雜生物演化出來。太陽產熱的方式極為缺乏效率，如果以人類的胃與太陽核心處如同胃形狀及大小的物質相比，人類的胃還能產出較多的熱。那麼你可能會問：太陽怎麼會這麼熱？答案是，太陽不只包含一塊如同胃形狀及大小的物質；它是由無數千兆個物質所堆疊組成。

而冥王星其他地區則布滿隕石坑。

　　究竟驅動這所有意想不到活動的能量是從哪兒來的？地球內部是經由鈾、釷及鉀的輻射加熱，但這樣的產熱方式據信無法有效暖化冥王星內部。凱倫的潮汐生熱作用也被排除，因為在一個衛星軌道為圓形且對著母行星自轉已被鎖死的系統來說，這是行不通的。不過，唯有在太陽系初生之際，凱倫就已經被鎖死的情況下才能排除潮汐生熱作用，就像月球被地球鎖死那樣。但如果凱倫被鎖死的情況發生在近期，也就是約過去5億年之內，那麼潮汐生熱作用就有可能發生了，因為此系統是逐漸進入我們今日所見的鎖死狀態。無人知曉這些狀況是否發生過，一切仍是謎團。

海洋衛星

　　潮汐生熱的作用也意味著可能出現生命跡象──不會在艾奧，因為那裡似乎非常不適合生存，但歐羅巴也許有可能。歐羅巴受到木星、艾奧及甘尼米德的牽引，產生了潮汐生熱作用。但歐羅巴不像艾奧是由岩石構成，主要是由冰塊構成。所以必然的結論就是，歐羅巴內部必定已經融化，也就是必定含有液態水。

　　含有液體的天體，其旋轉方式會與固體天體不同。而從歐羅巴旋轉方式所得的證據顯示，位於其地表10公里厚的冰層下

有著100公里深的海洋 —— 這是太陽系中最大的海洋。

　　從遠處觀看，歐羅巴像顆撞球，有著太陽系中最大冰層所構成的極光滑表面。但就近觀看時，冰上巨大的裂痕就映入眼簾。冰層表面驚人的紋路圖樣，讓人聯想到夏季時分解飄浮、冬季時又再度結冰的北冰洋冰層。這也進一步證實了歐羅巴表層下方有海洋的存在。

　　埋藏在底下的海洋，在永不見天日的黑暗中漸失生氣，似乎不太可能發現生命的存在。但鏡頭轉回地球這裡，1977年的一個關鍵發現顛覆了一切。美國海洋學家羅伯・巴拉德（Bob Ballard）經由阿爾文號（Alvin）潛艇發現了深海熱泉（hydrothermal vents）。在幾公里深的海底，深海熱泉將極熱的礦物質噴入海洋中，支撐了一個生氣蓬勃的生態系，這一切全在黑暗之中。此生態系食物鏈的最底層是細菌，它們的能量來源不是氧氣而是硫化物。食物鏈的最高層則是有手臂那麼大的巨型管蠕蟲（tube worms）。

　　假定歐羅巴真是由潮汐作用來生熱，那麼海底必定有深海熱泉。這讓歐羅巴成為太陽系中最有可能發現生命的地方。美國太空總署目前計畫派出一艘太空探測船到這顆衛星上。理想情況當然是投往歐羅巴的登陸器，具有可鑽過十公里冰層到達海洋的裝備，但這已遠超過當前科技之所及。雖然如此，美國目前仍計畫於2022年發射木星冰月探測器（Jupiter Icy Moon Explorer），屆時也許會有新發現。

2013年，哈伯太空望遠鏡（Hubble Space Telescope）偵測到歐羅巴冰層裂縫噴出200公里高的水柱。這些水柱必定來自表層底下的海洋。美國太空總署的科學家相信，如果木星冰月探測器可以飛過結成冰的羽狀水柱並採樣，也許可以發現歐羅巴上的微生物。

另一個會向太空噴出冰柱的衛星，是土星的衛星「恩克拉多斯」（Enceladus）。沒有人會預期直徑只有500公里的小衛星是顆活躍的星體。但潮汐拉張作用造成其內部液化，讓恩克拉多斯可能擁有太陽系裡最小的海洋。跟歐羅巴的海洋一樣，它的海洋可能也會有生命。

木星與土星的衛星因為與母行星間的潮汐相互作用而生熱，可能就意味著銀河系的其他地方也會有生命。因為木星及土星位於太陽的「適居帶」外。在母恆星適居帶裡的行星，離恆星夠近所以水不會結冰，也離恆星夠遠所以水也不會沸騰。木星及土星離太陽極遠，所以水這個「我們所知之生命必需物」，在這兩顆行星上應該會結凍。但就歐羅巴與恩克拉多斯的例子來看，這種情況並沒有發生。而太陽系附近的恆星周圍，普遍存在著許多比木星更大的氣態巨行星。它們也許有比艾奧及歐羅巴更大的衛星繞著它們運轉，並因為潮汐生熱作用而保持溫暖。

分點進動

　　重力對地球的影響不僅僅只有潮汐，因為地球不是點狀物體，而是個龐大物體。牛頓所發現的另一種影響方式則是「分點進動」（precession of the equinoxes）。

　　季節的產生源起於地球自轉軸與繞太陽公轉軌道平面間的傾斜。如之前所提，特別是自轉軸與垂直軸有23.5度的夾角，這代表赤道與軌道平面間也有23.5度的夾角。當北半球往太陽傾斜，就會是夏季；若傾斜的方向遠離太陽，就會是冬季。南半球的情況也一樣。結果就是南半球是夏季時，北半球會是冬季，反之亦然。

　　春季與秋季則是夏冬兩季之間的過渡季節。不過以天文學家偏愛的術語來說就是，春秋兩季發生在地球軌道平面，也就是所謂的「黃道面」跨越赤道平面時。在地球繞著太陽公轉的過程中，這些時間點就是所謂的春分與秋分。

　　所有行星軌道都靠近黃道，因為它們是從如薄餅圓盤般繞著太陽旋轉的碎粒所形成。結果就是它們都在夜空中固定的狹長帶狀區域運轉，這是古代便知曉之事。事實上，在此帶狀區域中的星體可分成12群，對應到「黃道12星座」。巴比倫人在西元前2000年創造出12星座時，春分點位在白羊座。但每隔2,000年，春分點就會在黃道12星座上移動一個星座。到了西元初期，春分點位在雙魚座。今日，春分點開始移往水瓶座，

並將於2600年正式進入水瓶座，這就是為什麼人們會說「水瓶座的時代即將來臨」。

　　12星座在夜空中的奇特運行，就是所謂的分點進動。這是地球繼自轉與繞太陽公轉後的第三種運動，也是最為神祕的一種。分點進動由古希臘智者希巴克斯（Hipparchus）所發現，他居住在地中海的羅德島，也在同一地進行研究工作，常被稱為「古代最偉大的天文學家」。

　　西元前129年，希巴克斯在編繪讓他聞名於世的星圖時，注意到奇怪的事情：星星的位置不符合巴比倫的測量紀錄。不只如此，星星似乎以系統性的方式移動位置。希巴克斯因此猜測，移動的並不是星星本身，而是地球。

　　根據巴比倫的觀察紀錄，希巴克斯估算出星星移位的速度。每72年，地球在太空中的方位似乎會改變1度。這個「進動」造成地球自轉軸（依然與垂直軸有23.5度的夾角），每2萬6千年會繞著垂直軸轉一圈。因為這個運動，目前在地球自轉軸北極正上方的星星，即北極星，跟過去古埃及人所看到的不是同一顆。我們看到的北極星在小熊星座（Ursa Minor）中，但5,000年前古埃及人看到的北極星是右樞（Thuban），是天龍星座（Draco）中光芒較微弱的星星。

　　地球自轉軸的晃動或轉動，是造成「分點進動」的原因。過去無人能猜想出分點進動的原由，直到牛頓才有所改變。

　　牛頓了解到造成地球形變的原因，不單是月球與太陽的引

力，還有地球本身的自轉。自轉造成赤道地區的物質，每小時要飛過約1,670公里的距離。對於速度如此之快的物質，地球重力難以提供足夠的向心力維持其繞圈運轉，於是產生物質外擴的結果。事實上，地球並非該有的完美球體，地球赤道目前約有23公里向外擴張膨起。

牛頓了解太陽與月球對「赤道膨起」的引力，造成自轉中的地球會像陀螺般晃動。事實上，自轉軸所指的方向進行著繞圈運動。根據作用在地球赤道膨起區域的引力，牛頓計算出進動的產生要花上2萬6千年的時間，與觀察到的結果一模一樣。

事實證明，牛頓的萬有引力定律就像個不斷冒出寶物的聚寶盆，帶來許多重大成果，而且還有更多。

應用重力平方反比定律，牛頓假設太陽引力作用在各行星時，太陽與行星都是點狀物體。他假設地球引力作用在月球時，地球與月球都是點狀物體。但地球與月球都是龐大的物體，這也是潮汐與分點進動這類新現象的根基。

但牛頓採用另一個概算法來切入重力論的預測。他假設太陽引力單獨作用在地球上，而地球引力單獨作用在月球上。潮汐作用就可以推翻此假設，因為潮汐是月球與太陽同時影響地球所造成。物體所受之引力不只來自單一物體，這是真實世界的普遍特性。這不只讓我們知道，行星這樣的天體不會在正橢圓的軌道中繞行，還能從已知物體亂糟糟的運動中，推演出新物體存在的可能性。

CH 4　未見世界的星圖
牛頓的引力定律如何能夠解釋我們所見及未見的一切

> 克卜勒的定律雖然不全然正確，但已經接近事實，並足以引導我們發現太陽系天體的引力定律。而其不夠精準的誤差，則來自於行星的質量無法忽略，因為它們會干擾彼此繞行太陽的公轉軌道。—— 牛頓[1]
>
> 在地球上摘朵花，你就移動了最遠的星球。—— 英國理論物理學家保羅·狄拉克（Paul Dirac）[2]

　　他們已經搜尋了近一個小時，早已陷入恍神般的規律性反射動作。約翰·加勒（Johann Galle）透過巨大的黃銅折射望鏡端詳柏林夜空，持續調整望遠鏡上的細控制鈕，直到準星位置上出現一顆星星為止，然後他大聲喊出那顆星星的座標。他年輕的助理海因里希·德瑞斯特（Heinrich d'Arrest）坐在天文台石頭地板另一端的木桌旁，在煤油燈的照亮下，以手指在星圖上快速移動，然後大聲回應：「這顆已經有了。」加勒再次

1　Isaac Newton, *The Principia*, edited by Florian (1687).
2　雖然我找不到這句話的原始出處，但普遍認定是狄拉克所言。

轉動控制鈕，對準另一顆星星，然後再下一顆。在寒冷的夜空中，他已經扭傷脖子，也開始懷疑他們所做的一切終將徒勞無功。

因為下午收到一封特別的信，才讓他們來到柏林的皇家天文台（Royal Observatory）。這封信出自巴黎綜合理工學院（École Polytechnique）的數學天文學家奧本‧勒維耶（Urbain Le Verrier）之手。加勒在一年前曾將自己論文的副本寄給勒維耶，但沒有收到回應。勒維耶顯然對此疏失感到抱歉，再加上有求於加勒，所以信中對這位普魯士天文學家的研究盡是推崇，這份遲來的恭維毫不隱諱。

若想報復，加勒大可以將信件不小心遺失在桌子上的成堆文件裡。他大可以像巴黎天文台的那些法國天文學家一樣，刻意忽略勒維耶 —— 不然的話，為什麼勒維耶要寫信到柏林來？但加勒不是心胸窄小之人，而且不管怎麼說，勒維耶的請求引發了他的興趣。加勒能以天文台著名的弗朗哈佛望遠鏡（Fraunhoffer Telescope），掃視夜空中山羊座與水瓶座之間的區域嗎？他能在此區域中找到現有星圖上沒有的星星嗎？

天文台主任約瑟夫‧弗朗茨‧恩克（Joseph Franz Encke）認為這樣搜尋是浪費時間。但當晚他要慶祝自己的55歲生日，無須用到這座22公分的反射望遠鏡，而且也看不出會發生什麼問題，因此他做出有違自己最佳判斷的決定，答應加勒進行勒維耶所要求的荒謬搜索。加勒快速說服天文系學生德瑞斯特加

入，於是兩人在1846年9月24日星期四凌晨，就在這天文台中，運用由時鐘驅動的巨大弗朗哈佛望遠鏡掃視夜空，這座望遠鏡是世上這類設備中最先進的儀器之一。

午夜12點，當柏林的煤氣燈全部熄滅，城市陷入原始的黑暗中時，兩人便開始進行搜索，現在則已將近凌晨1點。加勒將準星對準下一顆星星並喊出它的座標。在等待德瑞斯特回應時，他的心思飄移著，想著很快就能跟太太一起躺在溫暖的床上。等著等著，加勒疑惑了，他的助理到底在做什麼？

椅子倒在地上的聲響讓加勒嚇了一跳，也讓他回到現實中。他馬上從望遠鏡旁起身，驚訝的看著他的助理，在煤油燈的映襯下，他看到德瑞斯特快速跑向他，並且像瘋鳥般不斷用手拍打星圖的身影。因為太暗所以加勒看不清德瑞斯特臉上的表情，但他這輩子都會記得德瑞斯特所說的話：「這顆星星不在星圖上！不在星圖上啊！」

他們努力保持冷靜，最重要的是不讓自己的手顫抖，這兩個人輪流觀看望遠鏡直到確認無誤為止。他們發現的天體絕對不在星圖上，原因也很明確：因為那不是顆恆星。恆星距離地球無限遠，所以無論望遠鏡的倍數有多高，都只能看到針尖般的亮點。但這個天體不是沒有維度的點，而是一個極小的閃爍光盤。

那是顆行星，不知名的行星。在地球誕生之際，這顆行星就已經在寒冷黑暗的太陽系邊緣地帶繞著太陽旋轉。當時還沒

有人知道這顆行星的存在，它也沒有名字，世界上只有加勒兩人知道它的存在。但很快的，每個人都會知道那就是海王星。

每個可能方向的引力

對加勒與德瑞斯特而言，會發現這顆行星根本是不可能的事，簡直就像魔法。巴黎的勒維耶寫信請求加勒尋找一顆新星。他非常精準的描述出尋找的方位。加勒只是覺得有趣，於是按照勒維耶的指示尋找，但不怎麼相信自己能找到什麼。令人難以置信的是，這個行星在1個小時之內就現身了，高掛在望遠鏡視野的正中央，完全就在勒維耶所說的位置。這是天文學上的勝利，也是科學預測上的勝利。[3] 但最重要的，這是牛頓與他在2世紀前所創定理的勝利。

為了以萬有引力定律進行預測，牛頓採用了概算法。如同之前所提，他假設地球所有質量都匯集在地球中心點，並以此對月亮產生引力。當然，地球實際上是個龐大物體，月球引力對龐大地球不同區域的差距造成了地球的形變，也因此創造出潮汐現象。但地球質量皆在中心點且以此對月球產生引力的假設，並非牛頓唯一採用的概算法。他也假設行星所受之引力只來自於太陽，並藉此假設證明了受力隨距離平方反比定律而減弱的行星，其移動軌道為橢圓形，完全符合克卜勒的發現。

但引力的核心特質就是它是個萬有力，也就是說，每一小

塊存在的物質，都會對其他每一小塊物質產生引力。這意味著行星在太空中移動時，不只受到太陽牽制，也會受到其他每顆行星的引力影響。以地球為例，對地球產生最大引力的兩顆行星為木星及金星。木星是太陽系中最大的行星，其質量是太陽質量的千分之一；金星則是離我們最近的行星。此二行星對地球的引力會隨著時間產生變化，因為木星繞太陽公轉的速度比地球慢，而金星則比地球快。木星最接近地球時，產生的引力為太陽對地球引力的一萬六千分之一。金星最接近地球時，則其引力只有前述木星引力的一半。

　　太陽系中的行星，受到來自其他行星的引力都要比來自太陽的引力小得多。這也是為什麼牛頓在自己的計算中可以忽略其他行星引力。但嚴格來說，像地球這類行星是在多個天體引力的影響下運行。結果就是，地球繞太陽公轉的軌道其實並非為一個完美的橢圓形。克卜勒的第一定律只是近似實際情況。

3　科學預測威力難以置信的現代實例，就是2012年7月「希格斯粒子」的發現。1964年，彼得‧希格斯（Peter Higgs）在蘇格蘭凱恩戈姆山脈（Cairngorm Mountains）健走時，意識到所有物質的基本組成元件，會經由某種無形流體的相互作用而獲得自身的質量，這種無形流體就是現在所稱的「希格斯場」。空間中充滿希格斯場，此外，當希格斯場局部激發，就會以新次原子粒子的形態現身（其實，希格斯只是5位各自發現「希格斯機制」〔Higgs mechanism〕的物理學家之一。不過他的名字已成此機制的代稱了）。在近40年後，以超過百億歐元打造的世界最大機器 —— 日內瓦附近的大型強子對撞機 —— 發現了希格斯粒子。大自然竟依循人們在紙上潦草寫下的神祕數學方程式翩翩起舞，就像勒維耶時代的人士所受的震撼般，這個事實也深深撼動了現今的物理學家。這怎麼可能發生呢？

由於其他天體引力的影響，行星的橢圓軌道經過漫長時間後，在太空中的方位會緩慢變化，同時在繞太陽的公轉軌道上，離太陽最近的點會繞著太陽爬升或「進動」。

假設因為某些理由，我們完全不知道太陽系其他行星的存在。在觀察地球軌道一段漫長時間後，我們發現它從完美的橢圓形偏移了一點點。再將質量納入考量後，得出地球飛行受到太空中其他巨大天體牽引的結論，就像媽媽匆忙趕路時，小孩拉著她的外套一樣。透過電腦的大量運算，再加上人們的聰明才智 —— 這些計算不容易 —— 我們推導出，地球受到其他7顆行星的引力作用，每一顆行星都有特定的質量，且都以特定的距離繞著太陽公轉。[4]

牛頓的引力定律，讓我們可以繪製出太陽系中未見世界的星圖。勒維耶則完全依照牛頓的定律繪製出已知空間的外圍部分，並推導出第八顆未知行星「海王星」的位置。這全都只因為有顆行星的軌道稍稍偏移了完美的橢圓形。

名為喬治的行星

天王星是由德國自由音樂家威廉‧赫歇爾（William Herschel）所發現。1757年，正值19歲的赫歇爾與姊姊卡洛琳遷居英格蘭的巴斯（Bath），這是當年羅馬人為了此地溫泉所建立的城鎮。[5]赫歇爾以在教堂演奏管風琴為生，不過他對天文

學充滿熱情。他在自家花園裡建造了當時最好的望遠鏡之一。1781年3月13日，當他由望遠鏡掃視夜空，突然看到一顆模糊的星星。起初，赫歇爾認為那是顆彗星，但在接下來的幾個夜晚中，這顆星星爬過了雙子座，於是赫歇爾明白它不是沿著彗星的狹長軌道運行，而是在近似圓形的行星軌道上運轉。

　　這顆新的行星造成國際轟動。自有歷史記載以來，人們所知的行星只有6顆。現在出現了第七顆。

　　身為移民的赫歇爾，最大願望就是被新國家所接納。因此，他以英國喬治三世之名將行星命名為「喬治」（事實上他是取名為「喬治星」）。法國天文學家對此感到相當不快，他們

4　在物理學中，雙天體體系是唯一可以「精確解出」的系統；所謂的精確解出，就是兩者在所有時間中的演進過程皆可依計算推導而出。在彼此重力作用下運轉的地球與月球體系，以及在彼此電力作用下運行的氫原子質子與電子體系，都是雙天體體系。一旦有第三個天體介入，事情就會變得極端複雜，數學家所能做的最好選擇就是採用概算法（舉例來說，為了要計算星際太空探測器的軌道，任務計畫人員必須使用「蠻力」〔brute force〕法。他們必須將探測器在某個位置上所受的所有行星引力加總，判斷出在下一分鐘時，它在所有引力的作用下會如何移動；然後在下一個位置重複進行整個計算，因為在新的位置上，所有行星引力的總和會有些微不同，然後如此這般持續下去）。事實上，即使理論上可以預測出3個天體以上的體系在彼此引力作用下長期的演進過程，然而現實上卻無法做出預測。因為所謂的「命定性混沌」（deterministic chaos）現象，即使行星們初始位置只有些微不同，經過一段時間後，都會在遙遠的未來產生極其不同的行為。更糟糕的是，太陽系以長期而言是個不穩定的體系。就像一個無預警就發狂的時鐘機芯，它的齒輪及機件會往各個方向飛散，太陽系有一天也可能會把水星、火星或其他星體丟出去。其實在遙遠的過去，它也許就曾將一、兩顆行星丟到寒冷黑暗的星際太空中。

5　卡洛琳・赫歇爾在發現彗星上表現卓越，除了活躍於20世紀末與21世紀初的另一位卡洛琳（卡洛琳・舒馬克〔Caroline Shoemaker〕）之外，其發現的彗星數量無其他女性能及。

強烈反對以英王之名為行星命名，並改稱此星為「赫歇爾」。
德國人罕見的在這次事件中充當和事佬，德國天文學家約翰·
波德（Johann Bode）提議以羅馬農業之神的父親之名將其命名
為「天王星」（Uranus）。新行星的名字就此定案。如果不是這
樣，那麼從太陽往外看，我們今日會有水星、金星、地球、火
星、木星、土星……以及喬治。

其實將近一個世紀前，英國天文學家約翰·佛蘭斯蒂德
（John Flamsteed）就已經發現了天王星。他在1690年誤以為天
王星是顆恆星，將其納入金牛座中，編列為金牛34號星。佛蘭
斯蒂德與其他人對天王星位置的歷史紀錄，再加上新的觀星發
現，意味著天王星的軌道在19世紀初期就已被精準知曉，因而
可以用來與牛頓重力定律的預測做比對。

然而，問題來了。

所有的觀察紀錄並不符合同一個橢圓軌道。每當人們推算
出天王星的軌道，就發現這顆行星開始飄出此認定的軌道。幾
十年過去，也出現了更多觀察紀錄，天王星還是飄移得越來越
遠。

很少有人會懷疑是不是牛頓的引力定律出了錯。因為在過
去幾個世紀中，引力定律具有如此壓倒性與全面性的地位，幾
乎就有如神的話語。所以學者反而懷疑天王星外必定還有另一
個世界，其引力牽引住天王星，讓它偏離了純橢圓的軌道。

尋找看不見的行星

　　1841年，英格蘭康沃爾郡的自閉症數學天才約翰‧柯西‧亞當斯（John Couch Adams），開始推導這顆新行星在天空中必然出現的位置，以符合當時對天王星的觀察結果。[6]雖然他的計算極端複雜，但仍在4年後產生結果，並將計算結果告知皇家天文學家喬治‧查利斯（George Challis）。然而，查利斯並不把他當一回事。即便對自己的學術聲譽毫無幫助，亞當斯仍持續修正計算值，並向查利斯提出一份新的預測，其中的行星方位與之前略有不同。

　　同一時間在法國，對亞當斯毫無所知的勒維耶也做著類似的計算。為了簡化那嚇人的計算，他做了一些有依據的猜測。例如，他假設這顆未知行星距離太陽很遠，或是這顆行星可能已經被天文學家發現了。他假設未知行星的質量跟天王星差不多，大約是地球質量的15倍大；也假設它繞太陽公轉的軌道平面跟其他行星一樣。[7]

　　巧合的是，勒維耶遇到跟亞當斯一樣的難題：別人都不把他當回事。對巴黎天文台主任弗朗索瓦‧阿拉戈（Françoise

6　William Sheehan and Steven Thurber, 'John Couch Adams's Asperger syndrome and the British non-discovery of Neptune', *Notes and Records of the Royal Society Journal of the History of Science*, vol. 61, issue 3, 22 September 2007 (http://rsnr.royalsocietypublishing.org/content/61/3/285).

Arago）而言，尋找新行星並非他的首要任務。由於無法確定阿拉戈何時會開始尋找，勒維耶失去了耐性。於是1846年9月18日，他把對新行星估算的大致位置寄往柏林。5天後，唯一相信勒維耶的加勒，因為發現海王星而被列入史書之中。

海王星跟天王星一樣，在以前就被發現了，只是沒被當成行星而已。其實用肉眼就可以看見海王星。事實上有些證據顯示，早在1612年的12月，位在帕多瓦的伽利略已經透過自己的新式望遠鏡看到了這顆星，只是誤以為它是顆恆星而已。

海王星的發現引發了英法兩國誰優先計算出位置的爭議。值得注意的是，這些爭議卻未波及亞當斯與勒維耶的交情，即便勒維耶因高傲與霸道行徑而惡名在外。也許因為兩人彼此都敬佩對方非凡的數學才能，也許因為兩人都在取得他人信任上面對到類似的難題，因此他們一見面就建立起堅固的友誼。今日，海王星的發現往往都同時歸功於亞當斯與勒維耶兩人。

天王星的發現造成了轟動。這是望遠鏡時代發現的第一顆行星，也是科學時代中的第一顆。天王星與太陽的距離是土星與太陽距離的2倍，所以太陽系在一夕之間變大了1倍。而海王星的發現則造成完全不同層次的轟動。天王星的發現是碰巧發生的意外，而海王星的存在 —— 其質量、外觀與確定位置 —— 則是被預測出來的。科學賦與人類如神般的力量。牛頓的定律不只解釋了我們所見之物，同時也預測了我們未見之物。

在21世紀，歷史也許會再度重演。

第九行星

　　2016年年初，美國兩位行星科學家震驚了科學界，他們宣稱有顆當前還未偵測出的行星存在，它的質量是地球質量的10倍，並在比海王星更遠的地方繞著太陽公轉。為了得到更好的名字，加州理工學院的康斯坦丁·巴特金（Konstantin Batygin）與麥克·布朗（Mike Brown）將此新星暫時命名為「第九行星」。冥王星在2006年被不光彩的降級成為矮行星之前，當然也曾經是第九顆行星。[8]

　　巴特金與布朗提出的證據不是行星的異常運行，而是古柏帶天體的異常運行。行星誕生之際，冰質星體所留下的殘冰碎粒就成了古柏帶的天體，如同先前所提，這數以萬計的天體，就在太陽系最遙遠的行星「海王星」外圍繞著太陽公轉。[9]巴特金與布朗注意到，在最遙遠的古柏帶天體中，有6個天體幾乎有著一致的極細長軌道。這些軌道並不如所想那般指向隨機方

7　太陽系所有行星的公轉軌道都位在同一平面，就好像被限制在以太陽為中心的巨大透明餐盤上。這是因為太陽系在45.5億年前形成的方式所致。氣體與塵埃所組成的球狀雲霧，因自身的重力而縮小。因為雲霧在旋轉（我們的銀河系就是個星星漩渦，這樣的說法應該合理），所以處於兩極處的雲霧會比中間處縮小得更快，而中間處的重力則跟此處雲霧向外甩出的趨勢相抵消。於是球狀雲霧塌陷，形成薄盤狀的氣體與塵埃，繞著新生太陽旋轉。因為行星是由薄盤內的碎粒撞擊結合而成，所以它們不只在差不多的平面繞著太陽公轉，公轉的方向也一致。

8　請見第三章。

9　請見第三章。

位，而是多多少少都指向同個方位。軌道也都以同樣的方式傾斜，比8顆已知行星的軌道平面要往下傾斜30度。根據巴特金與布朗所示，最能解釋這些古柏帶天體異常運行的原因是：它們都被遠處未知行星的引力所牽引。[10]

這顆未知行星不只十分巨大，其距離也十分遙遠：平均約是太陽與海王星距離的20倍。巴特金與布朗估計第九行星的公轉軌道極為細長，軌道最接近太陽之處約是海王星與太陽距離的7倍，軌道最遠之處則是海王星與太陽距離的30倍。在如此巨大的軌道上運轉，讓它不像海王星花費165年就可以繞太陽一周，其公轉所需時間約為1萬5千年。

第九行星可能在45.5億年前時跟著其他行星一起誕生，近距離撞上像木星或土星之類正在誕生的巨大行星，於是就被彈射到寒冷地帶去。另外還有一個小小的可能性是，這是一顆來自其他恆星的行星，後來被留在太陽系之中。在太陽誕生的恆星苗圃中，有著數以百計的其他恆星就在附近，恆星之間彼此相遇並交換行星是可想而知之事。太陽系中有顆外來行星的可能性，提醒了我們科學的奇幻程度往往更勝於科幻小說。

以目前所預測的第九行星與太陽間之距離來看，它反射不了多少太陽光，即使運用最大的望遠鏡，也難以發現它的存在。如果第九行星恰好在軌道最接近太陽處，應該可以在過往研究的夜間星空影像中找到它。如果它位在軌道中離太陽最遠的位置上，要發現它就得用上全球最大的望遠鏡，比如說位

於夏威夷毛納基火山凱克天文台（Keck Observatory on Mauna Kea）的兩座望遠鏡（口徑10米）。不過據估計，直徑約為地球直徑3.7倍大的第九行星，地表溫度寒冷到只有攝氏-226度，也許運用對微熱輸出靈敏的紅外線望遠鏡來觀測，更容易觀測到這顆行星。

如果第九行星真的存在，那麼太陽系可能就更類似於目前所發現約2,000個的行星體系，也就是那些繞著其他恆星運轉的行星體系。太陽系外最常見的一種行星類型，有著介於地球與海王星之間的質量，大約是地球的17倍重。如果這樣一個「超級地球」曾經存在然後被踢到黑暗之中，那麼對於太陽系裡明顯缺乏這類行星的情況就有了解釋。

諷刺的是，在第九行星「冥王星」降級為矮行星的過程中，布朗曾為重要推手。就是他在2005年發現了埃里斯（Eris），一個跟冥王星小大相似的遙遠冰質星體，才讓我們知道從1930年就認定的最遠行星，不過是古柏帶裡許多星體中最大的那顆而已。提出可能取代冥王星的行星，是布朗對於他謀殺了一顆行星的補救。

當然，第九行星也許最終只是個幻想罷了，有些天文學家對此說法也依然存疑。雖然如此，牛頓引力定律在預測我們未

10　Konstantin Batygin and Mike Brown, 'Evidence for a distant giant planet in the Solar System', *Astronomical Journal*, vol. 151, 20 January 2016, p. 22.

恆星與行星的領域，而是在宏觀宇宙中。20世紀末，天文學家才驚訝的發現，他們原以為恆星與星系是構成宇宙的唯一元件，但其實恆星與星系只占宇宙的一小部分。宇宙中的物體比我們所想的還要多很多，而且是我們完全看不見的。

看不見的宇宙

1960年代與1970年代末期，華盛頓州卡內基研究所地磁系（Department of Terrestrial Magnetism ofCarnegie Institution of Washington）的薇拉・魯賓（Vera Rubin）與肯特・福特（Kent Ford）開始研究螺旋星系（spiral galaxies）。這些星群的巨大漩渦大概占了所有星系的15%，其中當然也包括我們的銀河系。羅賓與福特開始量測在螺旋星系的恆星，其繞著中央巨大「凸起」旋轉的速度有多快。

這兩位天文學家挑選看得到側邊的螺旋星系，因為在這種體系中的恆星會隨著我們的視線移動。運用超級靈敏的光譜儀，他們可以量測出比過往任何人都還要準確的恆星速度。

距離每個星系中央極為遙遠的恆星，其所受的引力應該也比較小。因此，羅賓與福特預期這些行星也會像太陽系中距離太陽極遠的那些行星一樣，運轉的速度越來越慢。

然而，結果並非如此。

這兩位天文學家盡可能地找到離每個螺旋星系中央最遠的

恆星，卻發現這些恆星公轉的速度依然一樣。這些恆星公轉的
速度太快了。它們就像坐在加速旋轉木馬上的孩童，可能會從
旋轉木馬般的螺旋星系中被甩出來，飛越過星際的空間，因為
母星系的引力無法拉住它們。但是引力卻拉住了它們。

　　今日的天文學家跟19世紀時的前輩一樣，對牛頓的引力定
律都有著不可動搖的信念，因為引力在這麼多世紀以來，成功
解釋了許多事物。[14]所以對於螺旋星系中恆星的異常運作，他
們的解釋與亞當斯及勒維耶對於天王星異常運作的解釋相差不
遠。天文學家認為，螺旋星系中的恆星之所以不會飛到星際空
間中，是因為這些恆星受到更多望遠鏡未見物質的引力牽引所
致。而這些物質非常非常的多。

---

13 太陽系外行星不只可經由觀察母恆星的「晃動」來發現。從地球的角度
　　來觀測，如果行星在繞行恆星時會周期性的跨過恆星表面，那麼行星就
　　會減少恆星的亮度，像木星這樣質量的行星大約減少1%，像地球這樣質
　　量的行星大約減少0.01%。在2009年射入地球軌道的的克卜勒太空望遠鏡
　　（Kepler space observatory），已經觀測到超過10萬顆恆星，並以此種方式
　　發現超過1,000顆太陽系外行星。

14 並非所有人都對牛頓的引力定律堅信不移。以色列雷霍沃夫魏茨曼科學研
　　究學院（Weizmann Institute in Rehovot）莫德采・米爾格若姆（Mordehai
　　Milgrom）所領導的少數天文學家相信，若加速度不到重力加速度的10億
　　分之一，那麼重力會轉變成更強的形式，並不會依循力的平方反比定律而
　　隨著距離快速變小。修正的牛頓動力學（Modified Newtonian Dynamics；
　　MOND）可用單一公式來描述所有螺旋星系中恆星的公轉運行。相較之
　　下，若要以暗物質來解釋，則需要多種不同分布且不同數量的暗物質，
　　才能解釋每個螺旋星系的恆星運行。修正的牛頓動力學與愛因斯坦的相
　　對論相容，是耶路撒冷希伯來大學（Hebrew University of Jerusalem）的
　　雅各布・貝肯斯（Jacob Bekenstein）於2000年所發現。參見 'Relativistic
　　gravitation theory for the MOND paradigm'（http://arxiv.org/pdf/astro-
　　ph/0403694v6.pdf）。

值得注意的是，每個螺旋星系都嵌在「暗物質」（dark matter）所構成的巨大球形雲霧中，就像被一大群蜜蜂所包圍的光碟片一樣。暗物質不發光，或至少光量不足以讓當前最靈敏的儀器所測得，而且重量通常是可見恆星的10倍。

海王星的發現，只不過顯示我們忽略了太陽系中一顆行星的存在。然而，暗物質的發現遠遠重要許多，因為這顯示我們忽略了宇宙中大部分的物質。

事實上早在1930年代，宇宙中存在的物質比任何人猜想的都還要多的第一個線索就已經出現。加州理工學院瑞士裔美籍天文學家弗里茨・齊維奇（Fritz Zwicky）那時觀察著星系團，驚訝地發現，組成星系團的那些星系旋轉得如此快速，照道理應該會被拋到無窮遠的地方去。荷蘭天文學家揚・歐特（Jan Oort）也在同期發現，太陽附近的恆星似乎以更快的速度繞著銀河系中心轉動，這超出太陽軌道內可見物質產生的引力所能解釋。

齊維奇認為星系團中必定存在著更多望遠鏡看不到的物質，歐特也認為銀河系中必定存在著更多望遠鏡看不到的物質。因為暗物質所產生的額外重力，才能牽引住星系與恆星，而暗物質一詞，正是由齊維奇從德文Dunkle Materie創造。

宇宙中存在著「看不見的物質」的想法，終究沒有進入天文學主流，也許是因為這原本就令人難以置信。但羅賓與福特對於恆星在螺旋星系中公轉的極精確觀察改變了一切。[15]大量

恆星速度異常的數據，終於讓此事浮上檯面。

　　重力不只揭示了暗物質的存在，還可以用來推斷暗物質的分布狀況。這是因為從遙遠星系傳送到地球的光線，在途中經過暗物質時，會被暗物質的重力所彎曲或「偏折」（lensed）。根據遠處星系影像的扭曲或「輕微偏折」（weak lensing），可以推斷出暗物質的分布。目前在智利的山頂上正在建造一座運用此種效應的望遠鏡，也就是大型綜合巡天望遠鏡（Large Synoptic Survey Telescope），它顛覆了望遠鏡原理，[16] 經由所搜集的光來呈現出暗的影像。

　　暗物質存在的證據不只來自螺旋星系，還來自其他重要地方。宇宙在138億2千萬年前從巨大的爆炸（大霹靂）中誕生，自此之後不斷的膨脹及冷卻。冷卻的碎片凝結成為1,000億個左右的星系，其中也包括我們的銀河系。這個說法最大的問題在於，它沒有預測出宇宙一個相當重要的特點：我們的存在。

　　星系之所以會形成，是因為大霹靂火球中部分區域的密度略大於其他區域（在宇宙誕生的初始瞬間爆炸中，產生了「量子化」的過程，據信「密度擾動」〔density fluctuations〕就是在

15 Vera Rubin, N. Thonnard and Kent Ford, 'Rotational Properties of 21 Sc Galaxies with a Large Range of Luminosities and Radii from NGC 4605 (R=4kpc) to UGC 2885 (R=122kpc)', *Astrophysical Journal*, vol. 238, 1980, p. 471 (http://adsabs.harvard.edu/abs/1980ApJ...238..471R).

16 更多關於大型綜合巡天望遠鏡的資訊，請參考：http://www.lsst.org/。

此時烙印在宇宙之中 —— 不過這又是另外一個故事了[17]）。因為密度稍大區域的引力較強，可以比其他區域更快拉動物質，進而又增大本身的引力，讓它們拉動物質的過程更為快速，就像是富者越富的情況那般。但重點在於：這個過程太過緩慢。從宇宙誕生的那一刻起到現在為止過了138億2千萬年，對於建立出像銀河系這麼大的星系來說，這個時間實在太短了。除非有更多更多我們用望遠鏡看不到的物質存在 —— 這些物質的引力加速了星系的形成。這些物質就是暗物質。

宇宙中的暗物質為可見物質的5到6倍重 —— 可見物質就是像你、我、恆星與星系這類由原子構成的物質。事實上，透過觀察到大霹靂火球「餘輝」的歐洲太空望遠鏡「普朗克」（Planck），我們可以有更加精準的估算。宇宙中4.9%的質能為原子，26.8%為暗物質（剩下的68.3%則為「暗能量」，這在1998年才被發現，暗能量看不見並充斥整個太空中，還具有相斥的引力，但這同樣也是另外一個故事了[18]）。

至於暗物質的定義 —— 暗物質究竟是什麼 —— 我們的猜測都半斤八兩。有個說法是，它是由目前還未被發現的次原子粒子所構成。像「超對稱理論」（supersymmetry）這類物理學上的推測理論，假設有種新基本粒子大量存在，這種粒子「感應」不到電磁力，因此也不會產生光這種電磁波。另一個想法是，暗物質是由冰箱大小的黑洞所構成，每個質量有木星這麼大，它們是在大霹靂火球內的劇烈環境中誕生。[19]

　　如果暗物質是由「初始」黑洞所構成，並假設它們均勻遍布整個宇宙，那麼離我們最近的一個初始黑洞大約距離我們有30光年遠，約是太陽系附近最近恆星南門二星（Alpha Centauri）的10倍之遠。如果暗物質是由次原子粒子所構成，那麼此刻它正在飛穿你的身體，不過就跟子彈穿過雲霧一樣，它對你身體的原子不會有影響。關於暗物質只有一件事可以確定：若是你能確認它的定義，那麼諾貝爾獎就在斯德哥爾摩等著你去領了。

　　採用現今的說法，我們可以說海王星當年曾是暗物質，不過若我們乘坐時光機回到19世紀，我們將會發現海王星不是唯一的暗物質行星。另外還有一個如幽靈般不確定存在的行星，它叫做火神星（Vulcan）。

火神星

　　如果你只是將火神星當作《星艦迷航記》中那位極度理性

17　Marcus Chown, *Afterglow of Creation*, Faber & Faber, London, 2010.

18　出處同上。

19　黑洞是太空中一個重力極為強大的區域，此區的重力強大到沒有任何東西可以逃脫，即使光也一樣，所以才會如此黑暗。我們目前發現2種黑洞類型。一種是恆星質量黑洞，這是巨大恆星走到生命盡頭時，引力瓦解恆星本身所造成。另一種為「超級質量」黑洞，其質量可達太陽質量的300億倍，起源還未知，潛伏在包括銀河系在內的每個星系核心處。不過有些物理學家主張還可能有第三種黑洞類型的存在：在大霹靂初始瞬間爆炸中所創造出來的迷你黑洞，它們至今依然存在。

的史巴克先生的母星（譯注：《星艦迷航記》中將火神星譯為瓦肯星），沒有人會怪你的。因為創作這部1960年代美國影集的金・羅登貝瑞（Gene Roddenbery）並非憑空杜撰出此星球的名稱。這顆行星早已存在，或至少存在於19世紀天文學家的想像之中，其中最有名的就是勒維耶。

在成功預測海王星的存在後，勒維耶如明星般在科學界的蒼穹中升起，並於1854年成為巴黎天文台台長。他所做過的事中、他所成就的事中，從來沒有一件事像神奇揭開太陽系邊緣未知世界這樣，讓他感到熱血澎拜。他因為這項成就受到國王們召見，被科學家們推崇為神。名氣與吹捧讓他沉迷其中，他渴望再次獲得那種感覺。彷彿只有他可以再次成功，彷彿只有他可以如神諭般再次震撼全世界。為此，他把注意力從太陽系外部轉到內部來。

勒維耶有著雄心壯志：要完全了解水星、金星、地球與火星這些內部行星的運行軌道。如果他能夠達成這項任務，那麼也許，只是也許，行星異常運作之謎就會現形，促使他能有足以躍上新聞頭條的新發現。

如同之前所指，每顆行星不只受到太陽的引力影響，也受到其他所有行星的引力影響，於是產生行星不會永遠依循著同樣軌道運轉的結果。在漫長的時間中，行星的橢圓軌道反而因為進動，讓行星在太陽中繞著玫瑰般的圖樣運行。因為進動，造成行星以最接近太陽的點（也就是所謂的「近日點」

〔perihelion〕）逐漸繞行太陽，天文學家稱此現象為行星的「近日點進動」。[20]

1843年，也就是發現海王星的3年前，勒維耶首度把注意力放在太陽系最內部的4顆行星上。為了預測每顆行星的軌道，他煞費苦心的加總太陽系所有其他行星所產生的引力。可惜的是，他預測的軌道並不符合實際觀察到的軌道。他猜想差異出在他對其他行星距離與質量的知識不夠完整，所以在成功發現海王星10年後，他為自己立下了精算這些行星重要數據的任務。

太陽與地球間之距離的最佳估算，在1852年時為9,500萬英里。勒維耶在1858年時，將此數值精算至9,250萬英里，此數值與今日的數值差距不到0.5%。隔年，勒維耶運用精進許多的數據，再度開始計算內部行星的軌道。

這是如馬拉松般漫長且乏味的數值運算。勒維耶的情況比起16年前好不到哪去。他所計算出的最內部行星軌道，還是與天文學家觀察到的軌道不相符。但他對牛頓的引力定律堅信不移，也相信自己的數學直覺，所以他堅持自己的計算。對他而言，問題似乎出在他所套用之行星質量與距離的數值。也許這些數值仍然有誤。他試著一次調整一個數值，並花費了好長一

20　後面連結中的圖表2顯示太陽系8顆行星的近日點進動比率（http://farside. ph.utexas.edu/teaching/336k/Newtonhtml/node115.html）。

Beauce），勒卡爾博爾以自己4英寸的折射望遠鏡進行觀測，他曾看到水星通過太陽的微小黑點。所以他自然而然地猜想著，是否還有比水星離太陽更近的小行星存在，當這些小行星跨過太陽，他是否能夠觀察到。

1858年3月26日星期六，勒卡爾博爾正在動手術。但在兩個病人的手術之間有個空檔，於是他抓緊時間運用望遠鏡觀察太陽。為了避免眼睛瞎掉，他把太陽的影像投影在紙卡上。太陽影像投射在紙卡的當下，他就發現了不尋常之事：有個小黑點接近太陽的邊緣。他當然非常渴望繼續觀察進程，無奈下個病人已經來到，只好先專注在病人身上。等他終於可以衝到望遠鏡旁，發現黑點依然存在讓他鬆了一口氣。勒卡爾博爾持續追蹤黑點直到它消失在太陽邊緣。據他估計，黑點通過太陽的總時間為1小時17分9秒。這恰好就是太陽系最內部小行星被預測的通過時間。

奇怪的是，勒卡爾博爾並未對任何人提及自己的發現。不過9個月後，當他讀到一篇文章提到勒維耶相信水星與太陽之間存在著一個或一個以上的天體，他才提筆寫下此事，並將信寄到巴黎天文台去。

勒維耶對於這位醫生的說詞深感懷疑。但成功發現海王星的情況也許能夠再現的可能性，對勒維耶來說實在太誘人了，所以他得見見勒卡爾博爾。1859年12月31日，勒維耶從巴黎搭車到奧爾熱爾，無預警的來到勒卡爾博爾家中，他滿心以為

會遇到一位不起眼的鄉下業餘愛好者。然而，他卻遇到了一位
自建出精準科學儀器的一流觀測者。在全心全力詢問勒卡爾博
爾的觀察發現後，這位來自巴黎的天文學家相信了對方的觀察。

　　真是令人不敢相信，勒維耶又再次做到了。他成功發現海
王星的情況再度發生了。勒維耶預測出水星與太陽之間有行星
存在。他真的是人中之神。

　　勒維耶回到巴黎後，將勒卡爾博爾的觀察轉化為數字。假
設此新行星繞著太陽運轉，那麼它應該每20天會繞行軌道一
周。這表示一年之中，從地球可以看到它跨過太陽表面幾次。

　　勒維耶對震驚的世界宣布新行星的發現。此新行星甚至
在1860年2月有了名字，它以古代火神為名，火神是希臘眾神
之家奧林帕斯山上主管鍛冶的神祇。這似乎是個極為合適的名
字，因為這個新行星看來永遠逃不出太陽的火掌，所以它成了
火神星。

　　其他天文學家，特別是觀測太陽黑子的天文學家，很快宣
布他們也曾看過火神星通過太陽，但並不確定那是顆行星。[22]

---

21 美國太空總署「曙光號」太空探測器（Dawn spacecraft）於2015年來到最
　大的小行星穀神星（Ceres）所在之處。這顆小行星於19世紀的第一天被
　發現，接著於1807年又發現另一顆小行星灶神星（Vesta），後續還發現一
　大堆其他的小行星。穀神星起初被認為是顆新的行星。但幾十萬顆小行星
　的質量總合，差不多只有地球質量的百分之一。小行星被認為是太陽系誕
　生時星體建造所遺留下來的殘骸。因為鄰近木星的引力破壞作用，這些小
　行星無法聚集成行星。附帶一提，穀神星目前歸類為太陽系的5顆「矮行
　星」之一。

1860年3月29日到4月7日之間，是另一個可以觀察到火神星通過太陽的機會。印度清奈（Madras）、澳洲雪梨與墨爾本的天文學家持續觀測太陽，但什麼也沒有出現。

　　一年過後，有些觀測者宣稱他們看到了新行星，其餘的許多觀測者則沒有。然而那些宣稱看到東西的觀測發現，似乎也從來沒被其他人獨立驗證過。

　　1869年8月7日，出現了日全食。這次又有些觀測者表示自己看到了火神星，但最重要的觀測，則是由來自美國愛荷華州伯靈頓市的天文攝影先驅班傑明‧阿普索普‧古爾德（Benjamin Apthorp Gould）對日全食所做的觀測。古爾德拍攝了42張太陽周圍神祕白色「日冕」照片，日冕只有在日全食時才看得到。沒有一張照片出現新行星的蹤跡。

　　1878年7月29日出現的日全食，是火神星爭議定論的關鍵。當時，幾組天文學家團隊經由聯合太平洋鐵路（Union Pacific railway）來到美國中西部懷俄明州的羅林斯（Rawlings）。他們之中有些是當代最偉大的觀測者，包括西蒙‧紐康（Simon Newcomb）與羅曼‧洛克耶（Norman Lockyer）。紐康來自華盛頓特區的海軍天文台，他在懷特兄弟做出飛行創舉前夕宣稱比空氣重的飛行不可行，讓他很不幸的只被世人記得這件事。1868年10月20日，洛克耶在倫敦郊區溫布頓自家庭院中發現太陽上有氦氣，這是唯一先在太空中發現後，才在地球上發現的元素。另外甚至還有聞名世界的發明

家湯瑪斯・愛迪生（Thomas Edison）也在這群天文學家之中。

　　天文學家拖著器材在羅林斯四處遊走，想要尋找適合觀測的地點。多雲的天空與持續的風勢帶來難以忍受的塵土飛揚，讓他們備受困擾。不過，儘管天候不佳，更不用說儀器的功能損壞，還是有許多人看到日食，甚至拍下了照片。其中只有一個人看到了新行星。

　　密西根州阿堡城天文台（Ann Arbor Observatory）台長詹姆斯・克雷格・沃森（James Craig Watson）表示看到了小型紅色物體在水星軌道內部繞著太陽運轉。他的發現立刻傳遍全世界。在勒維耶提出新行星存在的20年後，火神星終於要現身了嗎？

　　問題是當時沒有其他人看見這個紅點，或是說他們有看到紅點，但認為那是巨蟹星座中一顆黯淡的星星「鬼宿一」（Theta Cancri）。即使看起來幾乎是一面倒的認為沃森錯了，其餘的人才是對的，但沃森仍堅持己見。沃森於1880年受到致命的感染後過世，享年僅42歲。事實上即便在那時，他仍然非常堅信自己發現了火神星。

　　但天平現在已往另一端傾斜。輿論認為火神星並不存在，

---

22 太陽中的某些區域，具有爆發穿過太陽「表面」也就是光球層（photosphere）的強力磁場迴路，這些區域就是太陽黑子。太陽黑子內所需的氣體熱流向外壓力不像其他區域那麼大，因為磁場的向外壓力會補其不足。於是相較於周遭攝氏5,800度的高溫，此處的氣體溫度低了數千度。正因為太陽黑子所在之處的溫度比太陽均溫要低，所以呈現出黑色。請參考 Lucie Green, *15 Million Degrees*, Viking Penguin, London, 2016。

而且從未存在過。它是想像力過度發揮下虛構出來的產物。這印證了人類在幻想與科學上一廂情願的力量有多強大。火神星只存在於半被遺忘的歷史注解中，當然也還是《星鑑迷航記》中史巴克先生的虛構出生地。

尚未解開的謎團

認為火神星這類行星存在的想法終究不算太瘋狂。在我們的銀河系中，目前已知有幾千顆行星在軌道上繞著其他恆星公轉，其中有許多類似火神星這樣的行星。

現代天文學中最意外的發現之一就是，氣態巨行星繞著其母恆星公轉的距離，比水星繞太陽公轉的距離還要近。這些「炙熱木星」不可能在我們目前看見的位置上形成。行星上的氣體如此炙熱，其組成的氣態原子移動極快，重力根本抓不住它。天文學家倒是認為這些炙熱木星誕生在非常遙遠之處，與行星形成時所遺留下來的碎粒摩擦，導致這些行星向內旋轉。目前相信，行星「移民」是太陽系史前時代的一項特性，像木星及土星這類行星在來到它們目前所在位置之前，曾經玩過星際大風吹的遊戲。

繞著其他恆星運轉的行星體系顯然正在告訴我們，太陽系被不尋常的拉張。在「太陽系外行星」體系中超過半數的行星，其運轉軌道與母恆星間的距離比水星到太陽的距離還要

近。在銀河系的其他地方，火神星比比皆是。即便火神星仍舊可能是「觀察偏好」所引起的錯覺。天文學家以太陽系外行星對母恆星造成的晃動，或是其讓母恆星的光芒變得暗淡的情況，來偵測外行星的存在。對天文學家而言，靠近母恆星的行星較容易也較快發現，因為等待它們繞行軌道一周的時間較短。

　　我們的行星體系也許不是那麼不尋常。根據電腦所模擬的太陽系誕生情形，一開始有數顆行星在太陽近處繞著軌道運轉。它們之間產生碰撞，最後只剩下水星這個倖存者。如果這個場景為真，那麼火神星確實存在過。不幸的是，人類錯過了45.5億年。

　　勒維耶死於1877年9月23日。他發現了海王星，也解決天王星異常運行的問題，接續擴大了太陽系的範圍。但火神星無情的從他手中溜走，他知道自己被水星異常運行的問題打敗了。

　　20世紀出現的各種驚奇事物，吸引人們的注意：X光、放射線與人力飛行。水星的異常運行終究只是個有趣但不重要的謎題。沒有人會為了思索這事失眠。事實上，終究沒有人會多費心思在這上面。更沒有人會猜測這個現象其實正顯現著一個事實：讓人難以置信也不敢相信，牛頓對於重力的主張有誤。

　　意識到這個錯誤的人是愛因斯坦，他也推導出更佳的重力論來取代牛頓的重力論。但在愛因斯坦發現牛頓對重力的主張有誤之前，他了解到牛頓也誤解了某些與重力有關且顯然更為基本的東西：時間與空間的本質。

Part 2
愛因斯坦

CH 5　來追我啊

愛因斯坦如何理解到，沒有什麼東西的速度能快過光，而這個現象也與牛頓的重力定律相悖

> 對牛頓先生而言，空間與時間不會對談也不會結合，各過各的生活。—— 宇宙學家羅貝圖·特羅塔（Roberto Trotta）[1]

> 我們理論中的光速所代表的，其實就是無限大的速度。—— 愛因斯坦[2]

「如果能夠追上光，那會是什麼樣子？」當年才16歲的愛因斯坦，問出這個讓他邁向偉大之路的問題。令人沮喪的是，他從未告訴任何人是什麼樣的情況促使他問出這個重要問題。所以，我們只能猜測。我們知道愛因斯坦在1896年初提出這個問題，那年他在距蘇黎世西方約50公里的瑞士城鎮阿勞（Aurau）上學，並且寄宿在溫特勒（Winteler）家中。

我想像著愛因斯坦在一片穿過閣樓窗戶的陽光中甦醒。搖曳的椴樹枝條將光線分割得細碎，上萬枚閃閃發亮的碎片灑落

1　Roberto Trotta, *The Edge of the Sky, Basic Books*, New York, 2014.

2　Albert Einstein, 'On the electrodynamics of moving bodies', *Annalen der Physik*, vol. 17, 1905, pp. 891-921. Completed June 1905, received 30 June 1905.

　　我們現在這個有著10億種繁雜聲音在周遭空氣中流動的超連結世界，就是在1886年的那天誕生的。「從人類歷史的長遠觀點來看 —— 就假設是從今以後的一萬年吧，」20世紀美國物理學家費曼說，「19世紀最重要的事蹟，毫無疑問就是馬克斯威爾發現了電動力學定律。」[8]

　　但馬克斯威爾定理獲得的所有勝利，卻為物理學帶來非常嚴重的問題。它與伽利略及牛頓的運動定律不相容。

　　所有的波動都會經由某種東西傳遞：水波經由水傳遞，聲波經由空氣傳遞。光波傳遞的假想介質則被稱為「以太」（aether）。[9]以太的存在所產生的必然結果就是，任何人所量測到的光速，其大小必定取決於光在此介質中傳遞的速度。舉例來說，站在帆船的甲板上，風吹在你臉上的速度取決於船是處在迎風面或是背風面。但奇怪的是，馬克斯威爾方程式完全沒有考慮到傳遞光的介質。相反地，方程式裡就只有光在真空中行進的速度。光是固定不變的，完全不受所在世界的任何影響。

　　於是，馬克斯威爾方程式被判定有錯，需要進行修正。畢竟它們是科學界的後起之秀，而牛頓的運動定律卻在幾近兩個世紀前就已經建立，而且從那時起，無人能在現實中發現與其預測相悖的例子。愛因斯坦在此時進入這個領域。他不只對赫茲戲劇性地證明馬克斯威爾的方程式感到著迷，也醉心於方程式的美妙，他認為那是種強力宣示其正確性的特質。

　　牛頓曾在手記中寫道：「柏拉圖是我的朋友，亞里斯多德

是我的朋友，但我最重要的朋友是真理。」諷刺的是，正因為愛因斯坦百分之百贊成前輩的這句話，所以才膽敢質疑牛頓。這也是為什麼愛因斯坦在16歲時，會對自己提出那個重要的問題：如果能夠追上光，那會是什麼樣子？

看見不可能

根據馬克斯威爾的理論，光波是頭由電場與磁場共同組成的複雜怪獸，其電場與磁場得在正確的角度彼此振盪，還要在波行進方向的正確角度振盪才行。磁場減弱時，電場就會增強；反之亦然。事實上，電場與磁場其中之一消退，就會造成另一個場域增強，所以兩者會交替產生自持電磁波。

細節在這裡不重要，只要將光波想像成如同水波在湖上那樣傳遞就夠了。如果能夠追上水波，水波看起來就會是靜止的，就像在照片中靜止的長串波浪起伏一樣。但在瑞士阿勞年僅16歲的愛因斯坦，腦中出現了一個問題：馬克斯威爾方程式不允許靜止電磁波的存在。簡單來說，如果你追上光，就會看見不可能的事 —— 某種在物理學定律上就是不存在的東西。

8　Richard Feynman, Robert Leighton and Matthew Sands, *The Feynman Lectures on Physics, Volume II*, Addison-Wesley, Boston, 1989, pp. 1-11.

9　以太必須堅硬到足以讓頻率無限大的光波進行傳遞，又要虛無到完全不會阻擋行星繞太陽公轉。這表示它必須比鋼鐵堅硬，又要比空氣虛無。難怪物理學家根本難以想像它是什麼！

　　這個矛盾之處有可能解決嗎？愛因斯坦心裡明白，如果馬克斯威爾的定理正確，那麼只有一個可能性。因為以光速行進代表會看見不可能的事，那麼以光速行進本身就是件不可能發生的事。事情就是這麼簡單。問題就出在牛頓的運動定律允許物體能以任何速度行進，它們並未提到宇宙的終極速度限制。

　　所以，提出沒有物質能以光速行進的論點，得付出極高的代價。這意味著推翻了史上最偉大科學家牛頓的世界觀。沒有人會輕易這樣做，除非能提出極大量的證據來佐證。這也是為什麼愛因斯坦花了9年的時間，與電磁理論及運動定律間之相容問題搏鬥。所有一切最終在1905年春天有了結果。

專利天堂

　　這時候的愛因斯坦26歲，在伯恩的瑞士聯邦專利局（Swiss Federal Patent Office）擔任三級技術專員，這是他從1902年起就開始從事的工作。他與塞爾維亞籍妻子米列娃·馬利奇（Mileva Marić）及1歲大的兒子漢斯·阿爾伯特（Hans Albert）居住在雜貨街49號3樓的兩房公寓中。米列娃大愛因斯坦4歲，是他在瑞士蘇黎世聯邦理工學院（Swiss Federal Polytechnic）念書時，班上唯一的女生。他們的愛情故事讓雙方家族備感震驚，特別是兩人在1902年時竟然未婚生下一個孩子。孩子的名字麗瑟爾（Lieserl）只出現在米列娃回到諾維薩

德（Novi Sad）生產時的往返信件中，這孩子可能在18個月大時死亡，或是被米列娃的家人送給他人收養。愛因斯坦與米列娃對瑞士的朋友隱瞞麗瑟爾的存在，這孩子的命運只有他們倆知道。

專利局拯救了愛因斯坦的人生，讓他終生感激不盡。愛因斯坦也承認，專利局提供了他收入與尊嚴，讓他能於1903年與米列娃結婚，並且終結了他因為無法取得大學教職員工作而挨餓的日子。雖然失去麗瑟爾的悲傷打從一開始就注定危及他們的婚姻，但愛因斯坦在專利局的日子被證實是他人生中最快樂的時期之一。[10]

三級技術專員的工作不只讓愛因斯坦得以餬口，也讓他能夠站在電力新時代的高科技尖端。他對電子設備的知識來自父親在米蘭的電氣照明公司，儘管這家公司已不幸關閉，愛因斯坦仍在辦公室中善加利用這份知識。他的辦公室位在中央車站附近的漢菲格西街（Genfergass）上，新郵政暨電報管理大樓的頂樓。在主管弗里德里希・哈勒的大力支持下，愛因斯坦負責從每個月遞交到專利局的諸如發電機、馬達、變壓器等之類的設計中，揪出最細微的錯誤。這份三級技術專員每週48小時的

---

10 數學系學生馬塞爾・格羅斯曼（Marcel Grossman）是愛因斯坦在蘇黎世求學時期的朋友，他也協助愛因斯坦取得專利局工作。在格羅斯曼的遊說下，格羅斯曼的父親向伯恩專利局局長弗里德里希・哈勒（Friedrich Haller）推薦愛因斯坦。即使在晚年，愛因斯坦仍對格羅斯曼當年的協助無限感激。

工作，最好的地方在於不會過度壓榨愛因斯坦的大腦（大學教
職員之類的工作就會），因而讓他有了創造性思考的時間。而
且真有他的！他確實創造了東西。

　　大家普遍都知道，1905年是科學史上的愛因斯坦「奇蹟
年」。物理學家亞伯拉罕・派斯（Abraham Pais）說：「愛因斯
坦在1905五年時，以極短時間擴展了物理學的視野，這真是
前無古人後無來者。」[11]前無古人後無來者，也許除了牛頓之
外。但牛頓的「奇蹟年」有18個月之久，而愛因斯坦所用的時
間只比3個月多一點。無論如何，就是在3月17日到6月30日
這段期間，愛因斯坦完成了極為重要的4篇科學論文，徹底改
造了物理學的樣貌。

　　愛因斯坦宣稱「非常具有革命性」的第一篇論文，為他贏
得了1921年的諾貝爾物理學獎，論文內容質疑光是波動的概
念，認為原子會發射或吸收小塊的光，也就是「量子」。[12]第
二篇論文為愛因斯坦贏得蘇黎世大學博士學位，討論的內容則
是：從原子在液體中擴散的方式來測定原子的實際大小 —— 不
過在19世紀末至20世紀初期，原子的存在還未被廣為接受。[13]
第三篇論文則指出，水中懸浮花粉的奇特舞動，也就是在1827
年由植物學家羅勃特・布朗（Robert Brown）經由顯微鏡所發
現的布朗運動，是水分子導致花粉混亂運動的結果。[14]最後，
此系列著名論文的第四篇，著重在「無法追上光」的問題。[15]

　　1905年5月中旬，愛因斯坦去拜訪米歇爾・貝索（Michele

Besso），他在整個事件中扮演著催化劑的角色。貝索大愛因斯坦6歲，是愛因斯坦在瑞士蘇黎世聯邦理工學院攻讀教師資格時認識的摯友，貝索那時在鄰近的溫特圖爾（Winterthur）擔任機械工程師。兩人都喜好音樂 —— 愛因斯坦是個別具天賦的小提琴演奏好手 —— 並透過蘇黎世女性塞琳娜・卡普洛迪（Selina Caprotti）的關係而認識。卡普洛迪在星期六下午開放自家，讓想演奏音樂的人士齊聚一堂。[16]

　　貝索不只推薦書籍讓愛因斯坦閱讀，還與他在物理學的基礎上進行無止境的哲學討論。最重要的是，貝索是愛因斯坦想法的重要共鳴者。愛因斯坦回想起5月中旬拜訪貝索時與他討論無法追上光的問題：「那是個美好的一天，我們針對問題的每個層面進行討論……」[17]他沒有說跟貝索討論了多長的時間，也沒有提到他們在哪討論，或是如何開啟這個議題。不過

11　Abraham Pais, *Subtle is the Lord*, Oxford University Press, Oxford, 1982.

12　Albert Einstein, 'On a heuristic viewpoint concerning the generation and transformation of light', *Annalen der Physik*, vol. 17, 1905, pp. 132-184. Completed 17 March 1905, received 18 March 1905.

13　Albert Einstein, 'On a new determination of molecular dimensions', Doctoral thesis. Completed 30 April 1905.

14　Albert Einstein, 'On the movement of particles suspended in fluids at rest, as postulated by the molecular theory of heat', *Annalen der Physik*, vol. 17, 1905, pp. 549-60. Completed May 1905, received 11 May 1905.

15　Albert Einstein, 'On the electrodynamics of moving bodies', *Annalen der Physik*, vol. 17, 1905, pp. 891-921. Completed June 1905, received 30 June 1905.

16　Albrecht Fölsing, *Albert Einstein*, Penguin Books, London, 1997, p. 53.

17　Kyoto lecture, 14 December 1922. See *Physics Today*, August 1982, p. 46.

據愛因斯坦所言，討論結果宛如在暗室中出現的明燈，讓一切豁然開朗。「突然之間，我知道問題出在哪裡了！」

愛因斯坦當晚也許跟米列娃討論過這個問題。他也可能輾轉難眠，在內心反覆思索這個問題，並應用牛頓的思維檢視問題的每個可能層面。又或者他可能在廚房桌上研究問題直到天亮，以龍飛鳳舞的潦草字跡填滿一頁又一頁的筆記。然而，關於這段過程並沒有留下任何紀錄。忙於家務雜事的米列娃已經精疲力竭，沒有書寫日記的習慣，所以並未對這段時期留下隻字片語，後來也未曾接受任何記者採訪。

不過隔日愛因斯坦見到貝索時，處在興奮狀態的他甚至沒有向對方問好，而是說：「謝謝你。我徹底解開那個問題了。我的解答方法就是分析時間的概念。時間無法完全定義，而時間與信號速度間有著密不可分的關係。」[18]

光代表的就是無限大的速度

愛因斯坦問道：若光是無法追上的，那光速代表的是什麼呢？打個比方也許會有幫助。在數學上，無限大代表的是比任何數字都還要大的數字。如果某物以無限大的速度行進，根本無法追得上。光是無法追上的事實，必定表示在我們的宇宙中，基於某些未知原因，光速代表的就是無限大的速度。「除了恪守自身特有法則的壞消息之外，沒有東西比光速更快。」

英國作家道格拉斯·亞當斯說。[19]

　　以無限大的速度來比擬光速很有幫助。如果某物以無限大的速度行進，無論你本身速度為何，無論你正向它靠近或遠離，都不會有任何影響。因為你所量測出的物體速度為無限大，所以相較之下，你的速度就微不足道了。同樣的，若某物以無限大的速度從一個正在靠近或遠離你的物體中發射出去，相較之下，物體靠近或遠離你的速度就微不足道了。這裡再次顯示，速度無限大的某物總是會以無限大的速度行進。於是，若光速代表的是無限大的速度，那麼無論光源或觀察者的速度為何，光速必為恆定。對每個人而言，無論其運動狀態為何，光速絕對是恆定的，這正符合馬克斯威爾定理所提出的論點。

　　光速的一般性原則就這麼多了，那細節呢？無論自己移動的速度有多快，每個人如何能夠在實際情況中測量出恆定的光速呢？

　　嗯，速度就是物體在一定時間內所移動的距離 —— 想像一下高速公路上以時速100公里前進的車子就知道了。如果每個人都一致認定光速恆定不變，那麼每個人在量測距離及時間時必然會發生某些狀況。

　　愛因斯坦發現在實際情境中會發生的狀況是，某個經過你

18　出處同上。

19　Douglas Adams, *Mostly Harmless*, Pan, London, 2009.

身旁的人會往其移動的方向縮小,而他們手錶所顯示的時間同時也會變慢。你可以想像他們變得跟薄餅一樣扁平,同時又以慢動作移動的樣子。[20]

空間縮小與時間變慢的作用方式,讓人們無論處在何種運動狀態,估算出光在一定時間內所移動的距離必定相同。為了確保光速的恆定性,宇宙間存在著巨大密謀。

當然,某人走過公園或開車經過街上時,沒有人曾經看過空間與時間的扭曲。這是因為要有人能以趨近光速的速度飛過你,這種奇特的效應才會出現。但光速是波音747客機的百萬倍快左右,日常生活的世界中完全沒有東西可以趨近光速。

時間膨脹

話雖如此,我們確實能在日常生活的世界中偵測到時間的膨脹。1971年,兩個精準無誤的「原子鐘」在對時後被分開,一個放在家中,一個搭乘飛機環繞地球一周。當兩個原子鐘再度重聚,實驗人員發現,繞地球一周的時鐘顯示出的所經時間,比留在家的時鐘少了一些。時鐘短少的時間,正是愛因斯坦預測的時間。

時間變慢也對太空人產生影響。正如俄國物理學家伊格爾‧諾維柯夫(Igor Novikov)所言:「蘇聯禮炮太空站(Salyut space station)裡的太空人團隊以每秒8公里的速度繞行

地球，當他們於一年後也就是1988年再度回到地球時，他們會比我們早百分之一秒踏進未來。」[21]

時間膨脹對宇宙射線「緲子」（muons）有極大的影響；宇宙射線是來自太空中的超高速原子核，當宇宙射線撞進地球頂端的大氣層，會創造出「次原子」粒子，即是所謂的宇宙射線緲子。事實上，趨近光速時，空間會縮小與時間會變慢的證據，在這瞬間正穿越你的身體。

緲子在12.5公里高的大氣層中被創造出來，像次原子雨那般從空中落下。但重點在於，緲子在一段特定時間後會崩解。這段時間極短——只有150萬分之一秒。按理來說，緲子從大氣層落下不到500公尺就會崩解，所以可以確定在12.5公里下方的地面不會有緲子。

但地面上有緲子。

原因如下：緲子以99.92%的光速落下。從你的視角看來，它們像是活在慢動作的世界中。事實上，它們的時間是你的25倍慢，這意味著它們得花上正常時間的25倍，才會達到崩解的時間。所以當它們崩解時，它們已經落在地球表面了。

20　雖然相對論預測，與你有相對運動的某人會往其運動方向縮小，但這並非你實際所見的狀況，因為還有另一個作用在運作。某人身上較遠部分的光，傳送到你眼睛所需的時間比較近的部分為長。這會導致他人看起來像是旋轉了那般。所以若他們是面向你，你則會看到他們背對你。這種奇怪的作用就是所謂的「相對論性像差」（relativistic aberration）或「相對論性射線」（relativistic beaming）。

21　Igor Novikov, *The River of Time*, Canto, Cambridge, 2001.

　　不過，當然還有另外一個視角 —— 那就是緲子的視角。從緲子的視角看起來，時間是以正常的速度在流逝 —— 畢竟就跟你覺得自己是靜止的一樣，對緲子本身而言，它覺得自己也是靜止的。緲子反而看到你往你運動的方向縮小，或者應該說是往我們運動的方向縮小。因此，從緲子的視角來看，是地面以99.92%的光速逼近它。所以縮小的不只你，還有大氣層。大氣層會縮小到只有原有厚度的1/25。這意味著緲子在崩解前有足夠時間碰觸到地面。

　　無論從什麼視角來看，渺子都會到達地面 —— 從你的視角來看，緲子的時間變慢；或是從緲子的視角來看，大氣層縮小了。這就是愛因斯坦理論的神奇之處。

　　「除了魔鬼氈之外，時間是宇宙中最神祕的物質，」美國幽默大師戴夫・貝瑞（Dave Berry）說，「時間看不到也摸不到。但水管工人可以向你收取每小時高達75美金的費用，卻不一定會修好什麼東西。」

沒有絕對空間，也沒有絕對時間

　　移動中的時鐘其時間會變慢，即所謂的「時間膨脹」效應；而移動中的量尺會縮小，即所謂的「勞侖茲—菲次吉拉收縮」（Lorentz-FitzGerald contraction）效應。這兩種效應撼動了我們對現實景象的認知。[22] 這也許解釋了為何愛因斯坦時代的

偉大物理學家雖然也看到一模一樣的事實，卻無法達到愛因斯坦的成就。因為除了愛因斯坦，沒有人膽敢質疑牛頓。

牛頓主要是為了實用因素，所以確信「絕對空間」存在；絕對空間是宇宙的背景，如同巨大的畫布，讓偉大的宇宙劇碼在上頭開演。在這樣一個宇宙中，每個人對於2點間之距離所量測的結果都會相同，如同每個人對畫布上2枚釘子間之距離所量測的結果都會相同。

然而，愛因斯坦則證明這樣的絕對空間並不存在。

除了絕對空間之外，牛頓也相信「絕對時間」的存在，就好像在宇宙某處有個主時鐘控制著時間流逝。因為絕對時間的存在，所以對每個人而言，任何兩事件所間隔的時間都一樣。

不過就如同絕對空間不存在一樣，愛因斯坦也表示沒有所謂的絕對時間。「我沒辦法跟你談時間，」小說家格雷安・葛林（Graham Greene）說，「因為你的時間跟我的不一樣。」

完全正確。一個人的時間間隔，跟另一個人的時間間隔不一樣，而一個人的空間區隔，跟另一個人的空間區隔也不同。時間與空間就像流沙。奠定宇宙的基石是光速。

如果這聽起來不是很精確，這是因為它的確不精確。愛因

---

22 荷蘭物理學家亨德里克・勞侖茲（Hendrik Lorentz）和愛爾蘭物理學家喬治・菲次吉拉（George FitzGerald）意識到，物體看起來必定會往運動方向縮小。這種現象被稱為「勞侖茲─菲次吉拉收縮」。但與愛因斯坦不同的是，他們並沒有將其視作相對論原理和光速恆定原則的必然後果。

斯坦16歲時就開始他的探索之旅,簡單地想像若是可以追上光會是什麼狀況。這讓他發現牛頓運動觀點的瑕疵,也意味著需要有其他理論來取而代之。但愛因斯坦必須建構本身具有一致性的理論,此理論要以最少的假設為基礎,從理論之中要可以獲得時間與空間之間,就有如白天之後就是黑夜那樣的必然結果。1905年5月與貝索進行關鍵性的討論後,愛因斯坦在接下來的幾個星期中,努力對此進行研究。

相對論的兩基石

愛因斯坦在兩個基石上建立了後來所謂的「狹義相對論」。[23]第一個是主張光速與光源或觀察者的速度無關。第二個則是「相對論原理」。

將鏡頭轉回17世紀,伽利略在當時就知道以等速沿直線的運動有些奇怪之處。這樣的運動完全沒有東西發生改變。假設你對著朋友丟球,無論你是站在離他們20步之外的球場中,或是20步之外的船甲板上(假設船在波浪上平穩對稱地移動),都不會有影響。在兩個例子中,球在空中經過的路徑是一模一樣的。

伽利略從此一般性觀察中得到的結論是,對於所有相對於彼此以等速運動的人來說,運動定律是相同的。換句話說,如果你經由《星鑑迷航記》中的物質傳送機被傳送到一艘船的漆

黑船艙中，根據上述球飛行的例子得到的經驗是，你無法知道自己踏上的是一艘正破浪前進的船，還是一艘停在陸地上不動的船。技術上來說，運動定律（在伽利略死後由牛頓歸納成3項基礎定律）在恆以等速沿直線的運動上是「固定不變」的。所以，運動定律無法顯示你是否處在這樣的「等速運動」中。這是因為絕對運動 —— 在牛頓所謂的絕對空間中的運動 —— 的概念完全沒有意義。

愛因斯坦將「伽利略的相對性」做了延伸。根據他的相對論原理，就等速運動而言，固定不變的不只有運動定律，而是所有的物理學定律。換句話說，你無法進行任何可以顯示你是否正在運動的實驗，包括那些與光傳遞有關的實驗。

如之前所提，以太是可以傳遞光的假想介質，藉由以太可以測量出光的運動。但愛因斯坦的相對論原理完全屏棄以太的存在。[24]而以太的本質也被揭露出來：它就是個幻想，一個

---

23 雖然愛因斯坦的理論一開始被稱為「相對論」，但當愛因斯坦於1915年將理論一般化且擴展後，原先的理論就被稱為「狹義相對論」，以與「廣義相對論」有所區別。

24 美國物理學家阿爾伯特・邁克爾森（Albert Michelson）與愛德華・莫利（Edward Morley）經由觀察，發現了以太不存在的事實。1888年，他們在地球公轉與他們所發光束飛往同個方向時量測光速，然後在6個月後，當地球公轉方向與光束相反時再次量測光速。就像在風中行駛的船在迎風及背風時的速度有所不同一樣，他們也預期光速會因為碰到的乙太風而有所差異。但讓他們感到震驚的是，在兩個情況中，他們所測到的光速皆相同。光速是恆定的。邁克爾森也因為此一研究結果，贏得1907年諾貝爾物理學獎。

的空間。所有的時鐘 —— 追根究柢都必須藉由光反射來顯示時間的時鐘 —— 最終都可以簡化成前述的簡單時鐘。[27]

依據你的相對運動狀態,每個地方的時間都會變慢,空間也會縮小。某個人的時間,跟另一個人的時間不一樣;[28]某個人的空間,跟另一個人的空間也不一樣。時間與空間的量測跟訊號速度(光速)密不可分。因為它們密不可分,所以現實世界深深受到光速恆定特性所影響。

愛因斯坦花費了5週的時間寫論文。他在過程中推翻了牛頓的世界觀,改用自己的世界觀。他對專利局的同事約瑟夫・索特(Josef Sauter)說:「我的喜樂難以形容。」[29]

〈論運動物體的電動力學〉於1905年9月28日發表。通常在科學論文的結尾,作者都會列出做為研究參考資料的其他科學家論文,但愛因斯坦沒有列出任何其他論文。事實上,他提到的其他科學家只有像牛頓、伽利略、馬克斯威爾及赫茲這些偉大人士,而且也不過是用他們的名字來代表他們的理論而已。沒有人對愛因斯坦的想法產生影響。沒有人有根本性的影響。許多人都曾看到現實新樣貌的片斷。但沒有任何其他人能看見全貌 —— 能將所有事物緊緊結合的基本統一原理。

就像哈雷、雷恩與虎克全都猜到重力的平方反比定律一樣,可惜他們就是沒有牛頓那樣的視野,光有洞察力根本無用 —— 牛頓精確的質量與力量定義,以及基本的「運動定律」,賦與他居高臨下的視野。牛頓本身擁有這樣的視野,這

也是為什麼他跟愛因斯坦一樣，是個能夠改變人類基本世界觀的人。

不過，愛因斯坦的論文不只缺少做為參考資料的其他論文。一般來說，作者會列名感謝所有給予論文建言與討論的人士。但愛因斯坦終究是學術圈外的人，獨自一人在瑞士伯恩專利局工作，完全不為科學界所知。在論文的結尾，他只感謝了一個人：「我的朋友也是同事貝索，在我研究此問題時，堅定地在我身旁與我一同討論問題。我由衷感謝他給與的寶貴意見。」

時空

光速為建立宇宙的基石，此觀念這所造成的影響不只是某

---

27 如果火車以速度 v 前進，只需用簡單的幾何學就可以算出，火車上時鐘比不在火車上的時鐘慢的程度為乘上因子 $1/\sqrt{(1-v^2/c^2)}$。也可以算出火車上量尺縮小的程度就是乘上 $1/\sqrt{(1-v^2/c^2)}$ 這個因子。$1/\sqrt{(1-v^2/c^2)}$ 此數值就是所謂的勞侖茲因子，通常以希臘符號 γ 表示。

28 在特定時間發生某事究竟代表什麼意思？以「某人在11點鐘點燃火柴」為例。愛因斯坦知道這表示有2個事件：一個是某人在11點時做出點火的動作，另一個是火柴同時在11點時燃燒起來。但想像一下某人是在由左往右行駛的車廂中央點燃火柴。比起在車廂最右邊的人，站在車廂最左邊的人會先看到火柴燃起，因為當光傳送到兩人所在之處，火車已經往前行駛了一段距離，減少了光需要傳送的距離。根據愛因斯坦所說的時間根本基礎，一致認定事件在同時發生不代表真實情況就是這樣，這意味著每個人都一致認定的標準時間並不存在。

29 Max Flückiger, *Albert Einstein in Bern*, Verlag Paul Haupt, Bern, 1972, p. 158.

人的時間與另一個人的時間不同，以及某人的空間與另一個人的空間不同。情況比此更為糟糕。結果就是某人的空間是另一個人的空間與時間，而某人的時間也是另一個人的時間與空間。

我們日常生活的世界在宇宙中以慢速運轉，所以前述現象一點也不明顯。但如果你的行動近乎光速，那就會變得明顯可見。時間與空間不只像橡皮筋般可以無限延伸，它們還可以互相變換。造成這種現象的終極原因在於，時間與空間都只是「時空」（space-time）這個東西的不同面向。

我們習於認為空間為三維（東西、南北及上下），時間為一維（過去與未來）。但實際上，空間的三個維度再加上時間，就創造出了四維時空。身為三維空間裡的居民，我們無法完全感受到四維時空。居住在慢速自然世界的我們，只能感受到四維實境在三維世界中的「投影」：其中之一為時間，其他三個則為空間。

愛因斯坦就讀蘇黎世聯邦理工學院時，受到數學教授赫爾曼·閔考夫斯基（Hermann Minkowski）的指導。閔可夫斯基最著名的事蹟就是稱愛因斯坦為「懶鬼」。他後來的重大功績就是識出愛因斯坦的天分，並且看出愛因斯坦理論中連愛因斯坦自己都沒注意到的地方：其理論統一了時間與空間。「從現在起，時間本身與空間本身都會隱沒在陰影中，只有它們之間的某種統一才得以存在，」閔考夫斯基說。

物理學家史蒂芬·霍金（Stephen Hawking）的合作夥伴英

國數學家羅傑・潘洛斯（Roger Penrose）說：「相對論中最重要的一堂課，也許是時間與空間並非互相獨立無關的概念，而是必須結合起來得出四度的景象：這就稱為『時空』。」[30]

時空這種東西的存在，讓時間擁有某些空間的特質，這表示宇宙中發生的事件，都能視為分布在四維的地圖上，就像一般標準二維地圖上的地理特徵那樣。身在四維地圖中的我們，感覺時間是在流逝，但從愛因斯坦居高臨下的視角來看，時間不會流動。所有的事件——從大霹靂到宇宙末日——同時存在，全都呈現在時空的四維地圖中。每個人的一生都是由一連串的事件所組成，物理學家稱其為「世界線」（world line），世界線在地圖上像蛇那般延伸。

1949年，德國物理學家赫爾曼・威爾（Hermann Weyl）寫道：「客觀世界不會發生，它單純只是存在。只有受到我的意識注視，向上爬過我身體的世界線，這世界的一部分才得以像空間中轉瞬即逝的影像般存在，而這幅影像會在時間中不停變化。」威爾隱約意識到，我們對時間流逝的感受無法以物理學來解釋，只能以生物學來解釋，就在人類大腦處理現實事物的方式上。[31]「現實不過是種持續很久的錯覺罷了，」愛因斯坦

30 Quoted in Charles Misner, Kip Thorne and John Wheeler, *Gravitation*, W. H. Freeman, New York, 1973, p. 937.

31 'No time like the present': Marcus Chown, *The Never-Ending Days of Being Dead*, Faber & Faber, London, 2007.

說。

1955年，愛因斯坦的摯友貝索過世時，所有事件同時存在於時空四維地圖上的想法給了他撫慰。「他現在比我早一點離開了這個奇怪的世界，」愛因斯坦寫給痛失親人的貝索家人，「這沒有什麼。像我們這樣堅信物理學的人知道，過去、現在及未來的差別，只是種持續的頑固錯覺而已。」

質量與能量

時間與空間，幾乎是所有其他物理概念的基石。因此，當它們被證實只是流沙，物理學中的其他東西差不多也都是流沙了。以電場與磁場為例，就像時間與空間是「時空」這種東西的不同面向，電場與磁場其實也被證明是「電磁場」這個實體的不同面向而已。事實上，愛因斯坦的見解也解決了馬克斯威爾理論中的矛盾之處。

根據馬克斯威爾所言，如果你與電子之類的電荷一同移動，對你而言，電子並沒有移動，你只感受到電場。如果對你而言，電子正在移動，那麼你會感受到電場與磁場。同樣地，如果你跟磁鐵一起移動，你只會感受到磁場。但如果對你而言，磁鐵在移動，你就會感受到磁場與電場。

怎麼可能從一個角度來看，電場是存在的，但從另一個角度，電場又不存在了？怎麼可能從一個角度來看，磁場是存

在的，但從另一個角度，磁場又不存在了？根據愛因斯坦的理解，答案是因為電場與磁場只是「電磁場」這個事物的不同面向而已，會看到多少個面向，取決於你與電磁場來源的相對速度。

　　愛因斯坦展示了電場與磁場就像是錢幣的兩面，也展示了時間與空間是相同基本實體的兩面。不只如此，他還證實了質量與能量也是一體兩面。[32] 這個終極統一也許就是狹義相對論中最偉大的成果。

$E = mc^2$

　　愛因斯坦有關相對論基礎的論文，在1905年9月28日發表在《物理年鑑》（*Annalen der Physik*）期刊上，當時期刊編輯收到愛因斯坦寄來的3頁補充資料。裡頭有著可能是物理學中最著名的方程式：$E = mc^2$。[33]

　　這是個超乎預期的非凡成果。事實證明，質量不過是聲能、熱能或電能這類能量的另一種形式。質量的特性就在於它是能量的超聚合形式。愛因斯坦的方程式：物體質量m乘上極大數值c（也就是光速，物理學家普遍以字母c表示）的平方，

32　嚴格來說是動量與能量。

33　Albert Einstein, 'Does the inertia of a body depend on its energy content?', *Annalen der Physik*, vol. 18, 1905, pp. 639-41. Received 27 September 1905.

顯示就算是最微小的質量都會帶有驚人的巨大能量E。

　　一種形式的能量可以轉變成另一種形式的能量，這是我們世界的基本特性。舉例來說：在燈泡中電能可以轉變成光能，還有食物的化學能也可以轉變成我們肌肉的動能。質能（Mass-energy）也不例外，它也可以轉變成為光或熱之類的其他能量形式。1945年8月，日本的廣島市與長崎市向世界證實了這個驚人的事實。

　　但愛因斯坦的方程式$E = mc^2$有兩種解讀方式。不只質量是種能量形式，而能量也具有「有效質量」（effective mass）。任何種類的能量都是。所以，聲能有質量、熱能有質量、化學能有質量，最重要的是，動能也有質量。

　　所以物體本身具有內在質量（一般稱為「靜止質量」），但它也有由運動所引發的質量。換句話說，物體加速時，它的質量就會變大。比起站在公車站牌旁的你，追著公車跑的你會比較重。熱的咖啡也會比冷的咖啡來得重，因為「溫度」就是微觀運動的單位，熱咖啡分子會比冷咖啡分子更為快速地移動。當然，只有在物體趨近光速的情況下，才能感受到這類質量的增加，所以在日常生活的環境中，這類變化小到無法發現。

　　但是，當物體加速造成質量增加，它會變得更難移動。如果一個物體能擁有光速，那麼它的質量就會變得無限大，這是不可能的事。這單純是因為宇宙中就是沒有足夠的能量。這也解釋了為何追不上光。[34]每件事情都環環相扣，愛因斯坦的狹

義相對論真的是完美無瑕、天衣無縫。

　　對於沒有靜止質量且能以宇宙速限行進的光而言，時間慢到是停止的。時間從宇宙開始時啟動，於宇宙末日時結束，但對光而言，這兩件事是同時發生。「將我們與時空連結的是我們的靜止質量，它避免我們以光速飛出，因為在光速下，時間會停止且空間也失去意義，」烏克蘭數學家尤里・伊萬諾維奇・馬寧（Yuri Ivanovitch Manin）說，「在光的世界中，沒有時間點，也沒有一段時間；由光所構成的實體活在『沒有位置』與『沒有時間』的世界中；只有詩詞與數學才能賦與這類事物意義。」

廣義相對論

　　狹義相對論屏棄了牛頓的絕對空間與絕對時間概念，揭露了牛頓的物理學用來解釋日常世界雖有極佳的表現，但其實是錯誤的。然而，狹義相對論雖然在根本轉變我們對現實的看法上極為成功，但它也有幾個問題。

　　第一個問題在於，必須達成某些條件才能讓相對於彼此是以等速移動的人們，可以測量他們的時間與空間，這樣他們也

---

34 只有具有質量的物體無法達到光速。無質量的粒子 —— 也就是光粒子，或稱「光子」是沒有質量的 —— 能以光速行進。

才會遵循同樣的物理學定律 —— 即同樣的運動定律與光學定律，原則上就是光速恆定定律。但人們相對於彼此要以等速移動的情況並不常見。在現實世界中，觀察者的速度會改變。一輛車會慢下來停住等紅綠燈，綠燈亮起時再度加速。火箭會持續加速到獲得可以繞著地球運轉的速度為止。

愛因斯坦面臨的挑戰很明確。對於那些相對於彼此在不同速度，也就是「加速」情況下的人們，愛因斯坦必須找出讓他們可以測量其時間與空間的條件，這樣他們才會遵循同樣的物理學定律。無論人們怎麼移動，無論是掉落、旋轉或是坐在加速中的車上，那些物理學定律仍要具有一致性。愛因斯坦必須將「狹義相對論」轉變成為「廣義相對論」。[35]

愛因斯坦的渴望昭然若揭。如果物理學定律具有萬有定律的層級，那麼就應該不受我們的觀察視角所影響。舉例來說，無論我們是坐在一塊磁鐵旁，或是以等速或加速走過磁鐵旁，我們所遵循的都會是同樣的磁力基本定律。

但除了無法應付加速運動外，狹義相對論還有別的問題，而且是相當嚴重的問題：它與牛頓重力論在根本上有所衝突。

牛頓的重力定律具體說明了，像太陽這種質量巨大的物體，其重力能夠觸及任何地方。這等於是說，質量巨大的物體之重力無時無刻無所不在，也就是說重力能夠以無限大的速度傳導作用。但根據狹義相對論，沒有東西可以快過由光速所設下的宇宙速限，甚至連重力也不行。

　　牛頓的重力論與愛因斯坦的狹義相對論，對於太陽若是消失的預測有所衝突。當然這不太可能會發生！如果真的發生，根據牛頓理論，地球馬上會注意這件事，並以切線方向飛到星空中。但根據愛因斯坦，當光還在太陽與地球之間傳遞，地球依然會自顧自地在軌道上運轉。直到8.5分鐘後，地球注意到太陽不見了，同時也就飛向星空了。

　　愛因斯坦明白，要將光速設下的宇宙速限納入重力論之中，就得運用到「場」的概念。這是19世紀初期身為電學先驅的英國科學家麥可・法拉第所提出。[36]法拉第拿著鐵塊靠近磁鐵時，強烈感覺到有個看不見的力場從磁鐵向外延伸，強而有力地抓住鐵塊。事實上，當他在磁鐵周遭灑上鐵屑，就看到了「力線」。

　　從法拉第的觀點來看，磁鐵並沒有直接施力在鐵塊上。磁鐵反而是在鐵塊周遭架設了一個磁力場，它就像是《星艦迷航記》中的拖曳光束，是一種可以對鐵塊施力的力場。這論點似乎只有些微的差別，但此論點不只賦與力場實際存在的實

35　愛因斯坦並非提出「相對」一詞的人。事實上，他並不喜歡這個用語。1906年9月19日，德國偉大物理學家馬克斯・普朗克（Max Plank）在斯圖加的會議中，首次提到了「相對的理論」。其他人逐漸就把這個詞轉變成為「相對論」。直到1911年，愛因斯坦才不情願地把這個詞放在論文的標題中，但還是加上引號。多年後他才拿掉引號，接受這個既成事實。

36　英國財政大臣威廉・格萊斯頓（William Gladstone）問道：「電力的實際用途是什麼？」法拉第回答：「哦，長官，您很快就能夠在電力的各種可能用途上徵稅了。」

體 —— 以電磁場為例，通過電磁場的震動就是電磁波（光）的
實體 —— 也認可力場具有能以某種速度向外傳播的可能性。[37]

要類比電磁力，愛因斯坦需要創出一個理論，讓質量物體
產生重力場，而且此重力場接續可以對其他物體施加外力。最
重要的是，這樣一個力場能夠以特定速度傳播，好跟光速的宇
宙速限相容。

但創造出與狹義相對論相容的重力場理論，只解決了愛
因斯坦的第二個問題。因為牛頓定理的重力「來源」是質量，
所以產生了第三個問題。愛因斯坦發現所有形式的能量都具有
「有效質量」，重力當然也不例外。結果就是，重力的最終來源
不是質量，而是能量。

從1905年狹義相對論完成起，愛因斯坦必定已經意識到上
述所有問題。但直到1907年10月，一切才發展成熟。當時他
受到德國物理學家約翰內斯・斯塔克（Johannes Stark）邀請，
為《放射線與電子學年鑑》（*The Yearbook of Radioactivity and
Electronics*）撰寫一篇有關狹義相對論的統整概要。

愛因斯坦仍在瑞士伯恩的專利局工作，不過從1906年4月
1日起，他被拔擢為二級技術專員。他在工作之餘，利用2個月
的時間完成這篇回顧論文，並在1907年12月1日寄給斯塔克。
論文共有5節，前四節奠定了狹義相對論的基本概念，並列出
此概念對時間、空間、物質與能量所造成的影響。第五節則以
「相對論原理與重力」為標題。

　　其他物理學家仍在狹義相對論違反直覺的想法中掙扎奮鬥時，愛因斯坦已經意識到這個理論只是一個起頭而已。在12月底寫給朋友康拉德・哈比奇特（Conrad Habicht）的一封信中，他說他正在追求另外一個相對論。「但目前為止似乎還未有結果，」他在信末的附筆中承認。[38]

　　那些話語正是預言。他又花了8年的時間，才達成了擴展重力相對論原理與獲得「廣義」相對論的目標。在專利局對著窗口瞪眼發呆的愛因斯坦若沒有關鍵性的見解，恐怕得耗費更多時間才能達到目標。

---

37 一般而言，「場」是個物理量，在時間與空間中的每一個點都有其數值。它可能是像溫度這樣簡單的東西，只有幅度大小，或是像磁場這樣複雜一點的東西，不只有大小幅度，還在三度空間中具有方向。

38 哈比奇特是愛因斯坦從蘇黎世學生時代就認識的朋友。這兩人加上莫里斯・索洛文（Maurice Solovine），三人自命不凡地稱自己為「奧林匹克研究會」。他們在咖啡廳會面，一起談論著三人從科學、哲學與文學的閱讀中所獲得的想法。

CH 6　掉落者之歌

愛因斯坦如何了解到「重力」只是錯覺，實際存在的只有扭曲的時空

> 一位觀察鳥類的物理學家若是從懸崖上掉下來，他無須擔心自己的雙筒望遠鏡，因為望遠鏡會跟著他一起掉落。—— 英國數學家暨物理學家　赫爾曼‧邦迪爵士（Sir Hermann Bondi）[1]
>
> 在某種意義上，重力並不存在；驅動行星與星球運轉的是時空的扭曲。—— 日裔理論物理學家　加來道雄（Michio Kaku）[2]

　　掉落中的人會失重。這是愛因斯坦於1907年所洞察到的事，也成為建立革命性新重力論之龐大體系的基石。但遺憾的是，如同不可能追上光的想法一樣，愛因斯坦從未提及是在什麼樣的情況下有了這個革命性的想法。我們只能猜測。我們知道愛因斯坦當時在瑞士首都工作生活。「有一天，這個突破性

1　Quited in Engelbert Schucking and Eugene Surowitz, *Einstein's Apple: Homogeneous Einstein Fields*, World Scientific, Singapore, 2015, p 2.

2　Michio Kaku, 'A theory of everything?' (http://p-i-a.com/Magazine/Issue6/MichioKaku.htm).

的發展突然出現在我腦海中，」他寫道，「我那時正坐在伯恩
專利局的辦公室中。」

　　我想像愛因斯坦坐在辦公桌前，讀完當天最後一份專利申
請書，正思考著其中的內容：

　　47242

　　柏林德國通用電力公司（Allgemeine Elektricität-
gesellschaft），

　　伯恩恩格利公司（Nägeli & Co.）

　　交流電機

　　他用吸墨紙輕輕擦拭鋼筆尖，然後從文件櫃中取出一張新
的瑞士聯邦專利局用紙。不用一、兩秒，他就整理好思緒，接
著（有些無情地）振筆疾書：「第一點：專利聲明不正確、不
精準且準備不確實。」[3]

　　他還來不及寫下第二點。

　　一陣尖叫聲嚇了愛因斯坦一大跳。他從椅子上跳起，看
見有名工人正從對街樓房的瓦片屋頂上滑落。工人拚命揮動手
臂，但下滑速度仍然無情地加快中。但就在他要滑出屋頂邊
緣、從5層樓高的地方掉到繁忙的漢菲格西街上之前 —— 就在
那最後的瞬間，他猛力抓住了一根旗桿。看來脆弱的旗桿似乎
無法撐住他。但奇蹟中的奇蹟發生了：旗桿彎曲，但沒有折斷。

　　我想像愛因斯坦在伯恩郵政與通訊管理大樓頂樓的專利局裡，清楚目睹了整個事發經過。工人被同伴拉起脫離險境後，鬆了一口氣的愛因斯坦才坐回辦公桌前。他的心仍然怦怦跳，經過好一段時間，他才能夠再次專心批改47242號專利申請書。

　　他的批評是否太苛刻？他是否被父親在慕尼黑的慘痛經驗影響了呢？父親經營的愛因斯坦電器公司（Electrotechnische Fabrik J. Einstein & Cie）跟數家積極強硬的公司（德國通用電力公司也在其中）競爭慕尼黑市中心照明設備合約，結果以失敗收場。不，他有信心自己只是誠實表達意見，並沒有想報復。但在「第二點」中，他小心翼翼地以更和緩的字句來陳述他對47242號專利申請的反對意見。他擦拭了一下鋼筆，斜靠在椅背上，滿意地看著空無一物的收件櫃。

　　愛因斯坦的老闆也是他的救星哈勒，正在蘇黎世出差所以不在辦公室，而他的同事兼友人索特，剛好利用哈勒不在的時間前往熊苑（Bear Pits），因為週末時他將自己心愛的雨傘掉在那裡，並順便為老婆買份結婚周年紀念禮物（愛因斯坦有些內疚，因為他想到自己從未買過周年禮物給米列娃）。

3　*The Collected Papers of Albert Einstein, Volume 5: The Swiss Years, Correspondence, 1902-1914*, translated by Anna Beck (Princeton University Press, Princeton, 1995, p 46.) 1902年至1909年這7年間，愛因斯坦估計看過2,000份專利申請書，但唯一存留下來的只有這份德國通用電力公司申請書的評論。雖然1905年後，愛因斯坦就成為物理學界恆星般的人物，但瑞士官僚體系還是銷毀了他所有其他的專門意見。

空蕩蕩的辦公室中安靜無聲，我想像愛因斯坦靠著椅背開始思考。他回想對街那驚人的一幕，在腦海中重演其他可能情況。工人從屋頂滑下來抓住旗桿。工人從屋頂滑下來時抓住旗桿，但旗桿彎曲折斷，工人飛到空中去。

他想像工人掉到街上的情景時，胃部感到一陣痙攣。他抓住桌子，喘了口氣。他曾經聽過，在這種情況下，主觀時間會慢到像是停了下來，一生中發生過的所有事件會一一浮現眼前。但如果永遠都在掉落，那又會是什麼樣的情況呢？

他想像在一個沒有空氣或風減緩速度的地方掉落。他正從時間、空間、星辰、天空，以及所有事物之間掉落。他不斷掉落到甚至忘了自己正在落下。[4]

然後，他的腦中突然靈光乍現。

他猛然跳起，導致椅子向後傾倒。他瞬間明白自己想到了可以建立新相對論的基石。幾年後，他將會說這是他人生中最令人愉快的靈感。當然啦！他的喜悅表露無遺，一個人在空蕩蕩的辦公室裡放聲大笑。

掉落中的人感覺不到自己的體重！

是工人從屋頂掉落一事帶給愛因斯坦瞬間的靈感嗎？還是其他沒有這麼戲劇性的事件讓他靈光乍現？雖然想像一下很有趣，但我們當然無法知道真實情況。愛因斯坦只提過在1907年的某一天，他有了個沒什麼大不了的想法，也就是這個想法引領他走向推翻牛頓世界觀的大道。

　　但為什麼理解掉落中的人會感覺失重是如此重要的見解呢？想想下面的情況就知道了。一個人在坐電梯時，纜繩突然災難性地斷掉。[5]他在瞬間發現自己成了自由落體。我們假設他在電梯中是在站在體重計上（現實情況中當然不太可能出現這樣的場景！）。前一瞬間，體重計的指數是70公斤，下個瞬間就變成0了。具體來說，這代表的就是你在掉落時會感覺不到自己的體重。

　　根據牛頓所示，要脫離重力的掌控是不可能的事，因為重力雖然會隨距離而減弱，但不可能完全消失。英國物理學家保羅‧狄拉克說：「在地球上摘朵花，你就移動了最遠的星球。」然而，依據愛因斯坦所言，要脫離重力的掌控很簡單，只要變成自由落體就行了。此時重力會消失，你就失重了。

　　掉落者失重的情況，與人在任何行星重力未及之虛無宇宙中飄浮的情況，沒有什麼不同。這為重力論與相對論建立了連結，因為狹義相對論皆適用於兩個情況。

　　人成了自由落體時，體重計的讀數會是0，這是因為人往體重計的方向掉落時，體重計也會往下掉落遠離人。換句話

4　「我正在掉落。在時間、空間、星辰、天空，以及所有事物之間墜落。我日日月月不停地掉落，感覺就像是穿過數個人生中的人生。我掉落到甚至忘了自己正在落下。」──Jess Rothenberg, *The Catastrophic History of You and Me*, Penguin, London, 2012.
5　幸運的是，所有電梯都能安全運作。如果纜繩斷裂，電梯會卡住不動。這對搭乘者來說，雖然不是什麼好事，但至少很少造成死亡。

　　說，雖然人有70公斤，而體重計的重量少多了，但人與體重計會以相同的速率掉落。

　　所有的東西（不單單只是70公斤的人與體重計）在重力之下都會以相同速率掉落。伽利略在17世紀時最先注意到這件事。據說他在比薩斜塔上放手讓一輕一重的物體落下，並且看到它們同時落到地面。

　　在地球上，這樣的實驗必然會受到空氣阻力影響，空氣會對表面積大的物體產生較大的阻力。但1972年，阿波羅十五號指揮官戴夫・史考特（Dave Scott）在當然沒有空氣的月球上重做伽利略的實驗。他讓鎚子與羽毛從相同的高度落下。結果很明確：月球表面同時揚起的兩處塵土，確認了兩物體同時撞擊地面。

　　無論質量大小，所有物體都會以同等速率掉落，這真是件非常奇怪的事。想想對質量大的物體與質量小的物體施加同等外力的情況：假設一個是裝滿東西的冰箱，另一個則是張木板凳。日常生活經驗告訴我們，冰箱的速度會增加，也就是「加速」，因為質量較大的物體至少會比質量較小的物體難推動。[6]它們要移動時所受到的阻力較大，也就是「慣性」比較大。事實上，這種阻力就是「質量」概念的根本基礎。

　　但在質量物體受到重力影響的例子中有件奇怪的事：雖然質量大的物體比質量小的物體難推動，但重力顯然會自我調整，使得質量較大的物體所受的重力也會比較大，也就是恰好

大到讓它會與質量較小的物體以相同的速率掉落。所以，一個質量為另一物體 2 倍的物體，其所受重力亦為另一物體的 2 倍；質量若為 3 倍，所受重力也為 3 倍，以此類推。假設讓裝滿東西的冰箱跟板凳從比薩斜塔落下，或更好的情況是，不只為了安全理由（！），也為了避免空氣阻力，讓它們從月球上方掉落，它們將會如同史考特的鎚子與羽毛那般，同時揚起月球的塵土。

　　就技術上來說，讓物體難以移動的阻力取決於物體的「慣性質量 m_i」（牛頓第二定律中有具體提到，當物體受到一外力 F，它的加速度會是 F/m_i）。同樣就技術上而言，重力對物體所施加的力，取決於物體的「重力質量 m_g」。

　　有另一物體 2 倍慣性質量的物體，其移動阻力也是 2 倍。因為它也會受到 2 倍的重力，所以它與質量較小的物體會以同等的速率掉落。換句話說，物體的運動阻力取決於其慣性質量，而慣性質量會與所受重力會等比增加，而所受重力的大小又取決於重力質量。這等於是說，重力質量 m_g 與慣性質量 m_i 是相同的。

　　自伽利略起，每個人都相信物體的運動阻力與所受重力是截然不同的兩件事。它們看起來確實沒什麼關聯性。也只有愛

6　理想情況下，這實驗應該要在溜冰場進行，因為溜冰場無摩擦力的地面不會把事情搞得更複雜！

因斯坦有智慧看出自伽利略時代起，每個人的觀念都錯了，因為他們完全忽略了眼前發生的事情。掉落中的人會失重，也可以說所有物體在重力之下以同等速率加速，只代表了一件事：重力質量與慣性質量是一樣的。換句話說，重力就是加速度。

如同之前所提，愛因斯坦在 1907 年就明白，自己必須將相對論廣義化，這樣相對論描述的世界，不只是從人以相對等速的視角來看，還能以彼此加速的視角來看。他也知道自己需要新的重力論，因為牛頓的重力論與狹義相對論不相容。然後，他發現了廣義相對論剛好就是一種重力論，這真是再好不過了。簡直就是「買一送一」。

愛因斯坦主要見解的威力與簡單特質，需要稍微思考才能領會。如果重力與加速度是一樣的，那麼重力就無需為了所有物體（無論質量大小）要以同等速率掉落而去校正自身。這一切都會自然而然地發生。以下將會做出解釋。

火箭中的太空人

假設有位太空人在一架火箭中醒來，而這架火箭位在地球或其他任何行星的重力影響範圍之外。火箭正以 1g（1 單位重力）的速度加速，因此太空人的腳可以牢牢站在船艙的地板上，也能如同行走在地球表面那樣在船艙內行走。[7] 事實上，若把火箭的窗戶全遮起來，太空人也許會以為自己身在地球表面

的房間中。愛因斯坦再更進一步延伸：他認為太空人無法證明自己不在地球表面上。重力實際上就等於加速度。

現在假設太空人因為無聊或出於好奇，重做伽利略及史考特的實驗。他讓鎚子與羽毛從肩膀的高度落下。兩個物體以相同速率同時撞擊到船艙地板。當然太空人不知道自己在火箭中，以為自己在地球表面，所以認為是重力造成這樣的結果，因為重力會讓所有物體以同等速率落下。

但我們知道的更多。我們確定太空人不在地球表面，他位在任何行星重力影響不到的地方。當他讓鎚子與羽毛落下，實際發生的情況是兩物體在空間中靜止不動，而船艙的地板以1g的加速度向上趨近它們。地板同時撞擊到鎚子與羽毛。這終究還是說得通的！

這結果顯示，若重力就是加速度，那麼對於所有物體為何會以同等速率落下的解釋根本是多餘的。重力無需為了讓每個物質以同等速率落下而校正自身。難怪愛因斯坦會稱此為一生中最令人愉快的靈感了。

愛因斯坦明白重力與其他力量不同，重力只是個錯覺。我們不知道重力是因為我們加速所產生的錯覺。愛因斯坦將「重力與加速度無異」此概念列入「等效原理」（Principle of

---

7　$1g = 9.8 \text{ m/s}^2$（一單位重力等於每秒9.8公尺的加速度）。這是重力在地球表面所造成的加速度。換句話說，正在落下的蘋果或其他任何東西，都會以每秒9.8公尺的速度加速。

Equivalence），並成為愛因斯坦重力論的基石。

　　但為什麼我們會錯把加速度當成重力？就愛因斯坦所理解的，因為我們的洞察力有限。就像處在遮蔽火箭中的太空人一樣，有限的洞察力讓我們無法看清自身的現實處境。現實就是我們活在扭曲的時空中。這點需要稍微解釋。

線性加速度代表扭曲的空間

　　在遮蔽火箭中的太空人，再次因為無聊或出於好奇，進行另外一個實驗。這次用上了雷射。太空人將雷射放置在距地板1公尺高的架子上。他打開雷射，讓雷射光束平行射出，在遠處牆上打出一個明亮的藍色光點。他走過去看，疑惑地發現牆上的光點距離地板不到1公尺。雷射光射過船艙時，顯然往下彎曲了。[8]

　　我們當然知道火箭正以1g加速中。當光束射過船艙，地板加速往上靠近光束。所以我們一點也不意外，射向船艙遠端牆面的光束落在距離地板不到1公尺的牆面上。然而，疑惑的太空人相信自己身處受到重力影響的地球表面，所以認為光束的路徑會彎曲是受到重力影響，換句話說就是重力彎曲了光束。

　　但重力為何會彎曲光束？光的定義之一，就是它總是走在兩點間的最短路徑上。通常最短路徑就是直線，但愛因斯坦知道情況不一定是這樣。

　　想想一名登山者成功走過兩山頭間崎嶇路徑的情況。一名有經驗的登山者會找出最短路徑。假設現在有位女性坐在小型飛機中，飛在兩山頭上方的高空中。她藉由登山者的反光衣來觀看登山者走過的路徑。從她的高空視角來看，登山者的路徑迂迴又曲折。

　　這說明了在山頭之間，兩點間的最短路徑不是直線，而是迂迴又曲折的路徑，也就是一條曲線。

　　對於看到雷射光束在穿過船艙時向下彎曲的太空人而言，這點別具意義。最短路徑會是曲線的唯一可能就是，船艙中的空間是扭曲的，如同登山者在山間的情況一樣。

　　因為重力等同扭曲空間，所以重力會彎曲光束。重力就是扭曲空間。難以想像有比這更能深深撼動我們從牛頓觀點所得的重力概念。

旋轉加速度代表扭曲的空間

　　火箭的例子證實了線性加速度的情況，但實際上任何加速度都跟扭曲的空間有關。試想一下旋轉木馬的例子。

　　任何改變速度（無論是改變其速率、方向，或兩者同時改

8　除非是以精密儀器測量，不然1g這麼小的加速度所造成的影響其實小到感覺不到。

曲。」[13]

　　這展現了愛因斯坦相對論的核心本質。美國物理學家約翰・惠勒（John Wheeler）說：「物質告訴時空要怎麼彎曲，而彎曲的時空則告訴物質要如何移動。」就是這麼簡單。雖然事實上，扭曲時空的是能量，而質能只是能量的一種形式。但這樣挑剔就太過吹毛求疵了。惠勒的說法就是廣義相對論本質上的精闢要點。

　　將這種說法實際應用到地球上，就是地球周遭的時空中有個深谷。我們自然而然的運動方式，就是落到深谷底部，也就是地球的中心。[14]但地球的表面阻擋了路徑，阻礙了我們的自然運動。地面向上推的力量，就是我們感受到的重力。

　　牛頓與愛因斯坦的重力論間存在著驚人的對比。在牛頓的理論中，地球想要恆以直線運動，因為這是質量物體的天性。但來自太陽的重力趨使地球偏離想要的「慣性」運動，導致地球以橢圓軌道繞著太陽運轉。在愛因斯坦的理論中，太陽扭曲了自身周圍的時空結構。地球想沿著最短路徑移動，因為這是質量物體的天性。但在扭曲的時空中，這種「慣性」運動就對應到橢圓路徑。

　　牛頓沒有指出造成蘋果掉落的「原因」。他只有指出牽引蘋果與牽引月球的是同一種力。「我不做假設，」他在《原理》中寫道。但愛因斯坦指出了重力的成因。地球扭曲了周遭的時空，而蘋果與月球對扭曲的時空做出反應。

　　「對我而言，在沒有任何可將物體作用與力量傳遞過去的介質存在下，一個物體要對著另一個物體隔空作用，真是荒唐至極的想法，我相信具有哲學思考能力的人都不會出現這樣的思維，」牛頓說。[15]這想法真的很荒唐。據愛因斯坦所示，物體隔空作用是扭曲的時空所造成。牛頓應該會很高興他的論點獲得證實。

　　在空間與時間的觀點上，牛頓與愛因斯坦有著更驚人的差異。牛頓認為空間只是一個上演著宇宙劇碼的固定背景，而時間則隨著某個主宰宇宙的時鐘規律滴答行走。但據愛因斯坦所示，絕對空間與絕對時間這類事物並不存在。空間與時間被拉張結合成時空這個天衣無縫的實體。不僅如此，物質決定了時空的形狀，而時空的形狀又回頭影響物質移動的方式，於是物質移動的方式又改變了時空的形狀，然後時空的形狀又改變了物質移動的方式……就有如一支最為複雜的舞蹈。時空絕不是宇宙中的固定背景，時空本身就是實體。

　　幾乎可以確定的是，牛頓對於空間與時間的觀點是以實用為至上。他明白只有在兩物體的距離之間才能明確定義出空

13　Kaku, 'A Theory of Everything?'

14　你也許會懷疑，為什麼我們的自然運動會往以地球為中心的時空深谷底部而去，但地球的自然運動卻是在以太陽為中心的時空深谷中繞圈。這是因為地球是以顯著的速度飛越太空，所以不會掉到太陽裡，但我們相對於地球並沒有在飛行。

15　Isaac Newton, *The Principia*, edited by Florian (1687), p. 643.

間，因此空間必定是「相關的」。但他也明白，在這樣的觀點之下，以他當時擁有的數學工具無法產生任何進展。他卓越的聰明才智讓他了解到，絕對空間與絕對時間已經是絕佳的概念，足以讓他解釋宇宙最為顯著的特性。

空間的聲音

在宇宙的戲碼中，時空的角色就是個具有實體本質的演員，其最顯著的表現就是「重力波」現象。時空會因物質的運動而震盪，而震盪又會導致波動如池塘的漣漪般向外傳播。重力波就是在時空本身結構中傳遞的漣漪。

對於「重力波」是否存在，愛因斯坦顯得猶豫不決。他在1916年時認為重力波存在，但不久之後又改變心意，然後在1936年又變回來。但在2015年9月14日，在愛因斯坦預測重力波存在將近100年後，地球上首次偵測到重力波。

試想一下從出生就耳聾的人，在一夜之間突然就聽得見的情況，這正是天文學家當時的感受。縱觀歷史，我們向來就可以「看見」宇宙，而現在我們終於可以「聽見」它。

我們的媒體向來有過度誇大的傾向，但若說這次的偵測是繼1608年望遠鏡發明以來，天文學上最重要的進展，可是一點也不為過。重力波即是「太空的聲音」。

2015年9月14日發生的事件極奇特別。過去，當地球上只

有如細菌般大小的生物，在極為遙遠的星系中，兩個有如怪獸般的黑洞被封閉在死亡螺旋中。一個有太陽質量的29倍大，另一個有太陽質量的36倍大。兩者以一半的光速前進，彼此產生最後一次相互震盪。隨著它們接觸結合，造成整整3個太陽質量消失，並轉化成重力波。有如海嘯般的時空扭曲向外劇烈擴散，它的瞬間威力比宇宙所有星體重力總和的50倍還大。

時空的硬度是鋼鐵的超級無限億倍，這也是為什麼只有像黑洞融合這樣劇烈的宇宙事件才能明顯震動時空，但那些震動就像在湖面擴散的漣漪那般迅速消散。而2015年9月14日傳到地球的重力波，在太空中已傳遞了13億年之久，這真是令人難以置信。

雷射干涉重力波天文台，事實上是由2座4公尺長的巨型雷射尺所組成：一座位於路易斯安那州利文斯頓，另一座則在華盛頓州漢福德。[16] 2015年9月14日，美國東部夏令時間早上5點51分，有股波動首先穿過利文斯頓，6.9微秒後傳遞至漢福德，造成兩地的雷射尺以原子直徑的百萬分之一反覆膨脹與收縮。[17]「信號無限小，來源無限大。靈敏度高到能測得無限小

---

16 第一個重力波偵測器是由馬里蘭大學的喬伊・韋伯（Joe Weber）所建造。這個長2公尺、由1.4公噸鋁合金打造的偵測器，在被時空波紋打到時會響鈴。韋伯在1970年代謊稱自己偵測到重力波，讓他的名聲毀於一旦，卻開啟了重力波偵測領域。

17 Dennis Overbye, 'Gravitational Waves Detected, Confirming Einstein's Theory', *The New York Times*, 11 February 2016 (http://www.nytimes.com/2016/02/12/science/ligo-gravitational-waves-black-holes-einstein.html).

的信號，結果就是獲得無限大的回報，」紐約哥倫比亞大學的
珍納·李文（Janna Levin）寫道。[18]

　　雷射干涉重力波天文台的物理學家知道，他們測得的是來
自太空的一連串重力波。因為兩個相隔2,500公里的偵測器，都
偵測到同樣的訊號，排除了這是某人在10公里外甩車門這類一
般區域作用的可能性。但還有另一個原因，讓雷射干涉重力波
天文台的物理學家確認測得的是來自太空的重力波：波動的頻
率上升至高峰後，就隨著新生黑洞形成而快速下降。這完全符
合愛因斯坦廣義相對論的預測。

　　這件事的非凡之處在於，愛因斯坦的理論過去只曾在太
陽系這類重力微弱的環境中進行檢測，從未在黑洞這種周遭重
力極為強大的區域進行檢測。廣義相對論在這項測試上大為成
功。全球媒體迅速宣布愛因斯坦的主張經證實為真。諷刺的
是，他的主張經證實有對也有錯。他對在成功預測出重力波，
但錯在不相信自身重力論所得出的另一項預測：黑洞的存在。

　　黑洞被假想的膜所包圍，讓落進其中的光線或物質無法回
頭。就像鐘聲是鐘獨一無二的特徵，這個「事件視界」（event
horizon）的鐘聲則是新生黑洞獨一無二的特徵。因為我們於
2015年9月14日聽到這個聲音，所以現在能夠確定黑洞真的存
在。[19]

　　雷射干涉重力波天文台主要由3位人士負責。第一位是加
州理工學院的基普·索恩（Kip Thorne），這位嬉皮模樣的理論

家最為聞名的就是他跟史蒂芬・霍金在黑洞議題上的打賭，且大多賭贏了。第二位人士為麻省理工學院的實驗學者雷納爾・韋斯（Rainer Weiss），他於1940年代在紐約以自建的高傳真聲音系統創造出可以聆聽宇宙的聲音系統，也因此研究獲得學位。韋斯走過雷射干涉重力波天文台隧道中的每一寸土地，親自驅趕黃蜂、老鼠與其他入侵動物。但天文台「三巨頭」中情況最為悲慘複雜的成員，莫過於蘇格蘭物理學家朗納・德瑞福（Ronald Drever）了。

　　身材矮胖的德瑞福總是用超市購物袋裝著論文，他的投影片上也遍布著油膩指印與茶漬，這樣的他卻是個實驗天才。[20]當索恩需要用好幾頁的計算才能解答一個技術問題，德瑞福只消用一個簡單的圖表就能獲得同樣的結論。不幸的是，這位蘇格蘭物理學家天生就無法與人共事，所以在1997年遭到解聘。他後來仍留在巴莎迪那市加州理工學院附近，因為這些事件而感到悲傷不解。這個不諳世事的男人，在美國既未結婚也沒有摯友，最後遭失智症擊倒。在《黑洞藍調》（*Black Hole Blues*）中，李文提到一段令人心碎的故事，加州理工學院成員彼得・

18　Janna Levin, *Black Hole Blues*, The Bodley Head, London, 2016.

19　Davide Castelvecchi. 'The black-hole collision that reshaped physics', *Nature*, 23 March 2016 (http://www.nature.com/polopoly_fs/1.19612!/menu/main/topColumns/topLeftColumn/pdf/531428a.pdf).

20　這是我個人的回憶。記得大約是1984年，當時我在加州理工學院就讀物理研究所，期間曾聽過德瑞福在加州理工學院的演說（加州理工學院與麻省理工學院合力建造雷射干涉重力波天文台）。

高德瑞克（Peter Goldreich）帶著失智的德瑞福到紐約甘迺迪機場，送他上飛機回到格拉斯哥（Glasgow）的兄弟家中。德瑞福現居蘇格蘭的療養院中，這意味著諾貝爾獎委員會能表揚他的時間不多了（譯注：德瑞福已於 2017 年 3 月 7 日逝世。另 2017 年諾貝爾物理學獎由雷射干涉重力波天文台的 3 名科學家獲得，但因為諾貝爾獎不頒與逝世的科學家，所以德瑞福並不在其中）。

　　雷射干涉重力波天文台是技術上的奇蹟，每個定點實際上都有 2 個直徑 1.2 公尺的 L 型真空管，讓百萬瓦的雷射光可在環境比太空更佳的真空中行進。雷射光在兩真空管的末端會打到 42 公斤重的鏡子上並回彈，鏡子由只有頭髮 2 倍粗的玻璃纖維懸吊起來，這些鏡子具有能反射 99.999% 光線的完美效能。就是這些懸吊鏡的細微運動才能測得通過的重力波。這部儀器因為極為靈敏，才會在中國發生地震時失去平衡。「天體帶動的潮汐引力、靜止地球的轟隆作響、元素之中的殘餘熱量、雷射的量子震動與壓力，都能讓這部儀器跟著發聲運轉，」李文寫道。

　　雷射干涉重力波天文台也許是技術上的奇蹟，但並非每個人都知道它的作用。李文提到在前往路易斯安那州巴頓魯治市（Baton Rouge）的班機上，她鄰座的男士告訴身為天文台科學家的她，在飛機下方那個神祕的政府機構是為了時間旅行所建造。「其中一條管子帶你前去未來，」他說得頭頭是道，「另一

條帶你回到過去。」

　　隨著雷射干涉重力波天文台在2015年發現重力波，我們得以站在天文學新時代的開端。這就像是失聰人士獲得聽力那般，但目前只具備初步的聽力。它們已經聽到遠處的轟隆雷聲，但它們還無法聽到鳥兒歌唱、一段音樂，或是嬰兒哭聲。隨著雷射干涉重力波天文台與全球其他重力波實驗設備升級，誰知道它們很快又會聽到什麼呢？

　　雖然在2016年2月11日，雷射干涉重力波天文台宣布直接偵測到重力波讓科學界為之振奮，但重力波必定存在的間接證據，其實早已出現在PSR B1913+16「脈衝雙星」（binary pulsar）中。在此體系中，2個超緻密「中子星」（neutron stars）盤旋在一起，因而失去了軌道能量。

　　巨大恆星在生命終點時爆炸形成了中子星。矛盾的是，這樣的恆星外層爆發至太空形成「超新星」（supernova）時，其核心處卻向內爆炸，形成超高密度的中子星殘骸，此殘骸通常具有與太陽一般大的質量，卻被壓縮在不比聖母峰大的體積之中。

　　在PSR B1913+16裡的其中一顆中子星是「脈衝星」，它的轉速極快，對著空中放出有如燈塔光束般的無線電波。美國天文學家羅素·赫爾斯（Russell Hulse）與約瑟夫·泰勒（Joseph Taylor）仔細觀察此一體系，發現中子星失去軌道能量時的速率，就是預測它們會放射出重力波的同一速率。赫爾斯與泰勒

因此項發現榮獲1993年諾貝爾物理學獎。

彎曲空間的數學

物質扭曲時空，而扭曲的時空就是重力，這是愛因斯坦的基本見解。為了將這份見解轉化為重力論，愛因斯坦必須跟彎曲空間的複雜數學搏鬥。不幸的是，他就讀蘇黎世聯邦理工學院時跳過了數學課，偏好在學院的電工實驗中做那些跟電池、電容器與電流計相關的黑手工作。「我後來才懊悔地意識到這個錯誤，」愛因斯坦說。[21]

幸好愛因斯坦有馬塞爾・格羅斯曼這位一生的摯友，愛因斯坦在蘇黎世聯邦理工學院時，認識了這位大他1歲的數學系學生。格羅斯曼的父親運用人脈幫助愛因斯坦取得伯恩瑞士聯邦專利局的夢想工作。最重要的是，格羅斯曼知道彎曲空間的幾何學。因此，格羅斯曼可以教導愛因斯坦所需的數學，讓愛因斯坦能以嚴謹的術語表達出他在重力與時空扭曲上的革命性想法。

此一數學領域是由數位數學家所建立，其中最重要的是19世紀的卡爾・弗里德里希・高斯（Carl Friedrich Gauss）與波恩哈德・黎曼（Bernhard Riemann）。直到19世紀，幾何學仍停留在希臘數學家歐幾里德所創的平面幾何學（而歐幾里德可是科普書《細看歐幾里德》〔 *Here's Looking at Euclid!* 〕[22]書

名的靈感來源）。歐幾里德在西元前3世紀撰寫的《幾何原本》
（*Elements*）中，列了5項關於直線與角度不證自明的陳述。以
這些「公設」為基礎，歐幾里德只需應用邏輯即可建構像「三
角形的內角總和為180度」這類宏大的「定理」。

　　歐幾里德的第五項公設表示：兩平行線不相交。高斯與黎
曼放寬了這項公設，讓球體之類的曲面幾何可以立即與公設相
容。舉例來說，從赤道向北延伸的兩平行線不會一直平行，而
是會在北極相交。

在柏林的愛因斯坦

　　愛因斯坦花了8年的時間，致力於陳述重力就是扭曲時
空，或更廣泛來說是致力於將相對論廣義化。他在這段期間從
蘇黎世遷居至德國柏林。

　　愛因斯坦其實出生於德國，更精確地說是出生在德國南部
烏爾姆（Ulm）。但由於德國的軍國主義讓他飽受驚嚇，所以他
於1896年17歲時便放棄德國公民身分。雖然如此，他還是接受
了柏林大學的職位。柏林是他從1914年起到1933年的家鄉，隨
著希特勒於1933年奪權，猶太人根本無法確保生命安全，於是

21　Albcrt Einstein, *Autobiographische Skizze*, In Carl Seelig (ed.), *Bright Times –
　　Dark Times*, Europa Verlag, Zurich, 1956, p. 11.
22　Alex Bellos, *Here's Looking at Euclid!*, Free Press, New York, 2010.

為他對物理很感興趣，所以才會試著解決愛因斯坦在講座中特別提到的問題。希爾伯特放下數學研究，開始尋找能夠與狹義相對論相容的重力理論。愛因斯坦原本獨自研究了8年，現在有了競爭者。而且還不是一般的競爭者，而是個擁有卓越數學能力的競爭者。

更糟糕的是，愛因斯坦在9月底時開始意識到自己的重力論與狹義相對論不相容，還有無法預測水星軌道的這些問題，並非如他之前所想只是細節的問題。問題出在基本原理上，特別是觀察者彼此相對旋轉時所適用的物理定律不同，這是不正確的。他的重力論有了大麻煩。

恍然大悟的愛因斯坦感到沮喪。雖然他可以就此屈服於壓力，但這份壓力很快便轉變成為憤怒。他絕不允許任何人搶走他長達8年的心血。他決心放手一搏。

在10月的第一個星期，奇蹟發生了。愛因斯坦知曉了要如何進行推導。「一位出色的科學家就是努力嘗試每個可能的錯誤，最終獲得正確答案，」美國物理學家費曼說。[25]愛因斯坦就是這樣的科學家。在他長期奮鬥得出自己的重力論的過程中，他努力嘗試每個可能的錯誤。愛因斯坦的天賦就是，每當他發現自己絕望地迷失在暗夜森林中，他總是能再度發現一條走出迷途的路徑。

走出森林回到正確路徑上的愛因斯坦，在接下來的6個星期瘋狂地工作，時常不吃不睡。後來他曾提到，這是他一生中

用腦最為密集的一段日子。

　　約在11月初，他已經快要完成，但還差一點點。他還沒找出可以描述重力「場」的正確方程式，但他經不起延後一段時間才發表。

　　愛因斯坦在幾個月前曾答應要在普魯士科學院發表一系列演講。答應演講當時，他認為自己的理論已經有模有樣，現在他當然知道那還不夠完整。雖然如此，他必須勇往直前。這是與時間的賽跑。他就是要比希爾伯特更早抵達終點。

　　在一連4個星期中，愛因斯坦每星期得發表一場演講。他設法匯集足夠資料來發表第一場演講。從那之後，就全憑本能而行了。在接下來的每個星期，他花時間解決8年來一直在努力的問題。在每個星期的結尾，他站在普魯士科學院的聽眾前，講述他剛剛解開的東西。

　　在此同時，他的對手也正掐緊他的脖子。希爾伯特的數封來函顯示，這位偉大的數學家或多或少也走在正確的方向上。這些信件刺激愛因斯坦更加瘋狂地工作。

　　愛因斯坦在11月4日的第一場演講中沒有做出任何預測。但現在理論內部已達到一致性，且亦能與狹義相對論相容。像是要強調這個事實一般，愛因斯坦可以說明時空的彎曲較小

25　Quoted in Lee Smolin, *Three Roads to Quantum Gravity*, Basic Books, London, 2000, p. 137.

時，牛頓的重力論就相當近似他的理論。[26]這是此理論首次能嗅到成功的氣息。

2個星期後，也就是1915年11月18日，愛因斯坦終於公布其理論的某些預測。他已經計算出靠近太陽的重力場。這讓他不只可以算出太陽對光的彎曲情況，最重要的是，還可以預測水星近日點的進動。

水星的異常運行

在1907年聖誕夜那天，剛審視完狹義相對論的愛因斯坦，寫了封信給瑞士友人哈比奇特：「我希望能夠解答長久以來無法解釋水星近日點距離的長期變化。」[27]當時，他失敗了。然而，這封信揭露了愛因斯坦有預感，這樣一個小小的情況正是牛頓重力論基礎崩壞的細微徵兆。

水星是最靠近太陽的行星。水星因為如此靠近太陽這個質量超級巨大的星體，因此必須承受太陽系中最劇烈的扭曲時空。這讓扭曲時空的作用在水星上留下最明顯可見的痕跡。

1905年，愛因斯坦發現所有形式的能量都具有「有效質量」，這表示所有形式的能量都能產生重力。能量的其中一種形式就是重力能，即扭曲時空本身的能量。值得注意的是，這意味著扭曲時空本身不只是重力，還是更多重力的來源。重力創造了更多的重力！

　　因此，靠近太陽之處的重力比牛頓預估的大許多，與平方反比定律所描述的力並不相符。

　　牛頓的偉大勝利，當然是他證實了當物體受到指向中心且依循平方反比定律的力，就會在橢圓軌道上繞行。這顯然表示，若物體所受之力不依循平方反比定律，就不會在橢圓軌道上繞行。運行的橢圓軌道會「進動」，在太空中一直改變它的方向，形成玫瑰般的圖樣。

　　愛因斯坦計算水星的軌道。他的理論預測：太陽附近的扭曲空間會造成水星軌道異常進動，每世紀達43弧秒。

　　這正是讓天文學家困惑了半個世紀的異常進動，也正是讓勒維耶假設有火神星這顆行星存在的異常進動。

　　所以，火神星當然不存在。水星的異常運行並非要告訴天文學家，太陽的火焰周圍有顆未知的行星。它釋放出更為基本的驚人訊息，也就是過去沒有人膽敢質疑之事：牛頓出錯了。

　　「這理論完全符合觀察，」愛因斯坦對普魯士科學院報告水星的研究結果時這樣表示。他推翻了200年的物理學，並說明過去最偉大的科學家也會出錯，但他設法隱藏住自己真正的感

---

26 因為能量會彎曲時空（也就是創造重力），而彎曲的時空又帶有能量，所以就成了：能量創造彎曲，又創出更多彎曲，然後再創出更多更多的彎曲，如此這般持續下去。因此，當彎曲時空所帶有的能量不大，廣義相對論就可以精簡成牛頓的重力論，這樣唯一值得注意的要件就是由質能所創造的重力。當然，這必須是在所有物體移動速度都比光速慢許多的情況下。

27 Einstein letter to Conrad Habicht, Bern, 24 December 1905.

受。他的內心騷動不已，整個人激動萬分。[28]事實上，他激動得在顫抖。[29]

物理學家雖然在黑板上寫下潦草神祕的數學方程式，卻也需要強大的信念才能相信大自然真的依循這些方程式運作。而結果證實大自然真是如此時，必定會造成巨大衝擊。

經過8年的奮鬥，愛因斯坦終於到達高聳山峰的頂端。在他向上攀爬時籠罩住視野的雲霧已經散去，在他下方伸展開來的是一片前所未見的景致，在耀眼陽光下閃閃發亮。「在黑暗中摸索真理的那幾年，我的感受只能意會無法言傳，」愛因斯坦說，「在突破困境迎向光明之前，那種強烈的渴望以及不時感到信心與不安，只有經歷過的人才知道箇中滋味。」[30]

水星的異常運行，可能是因為太陽附近的重力比牛頓重力定律所預測的要來得高；事實上，並非只有愛因斯坦這麼想。19世紀末，美國天文學家西蒙・紐康（Simon Newcomb）就已經指出，若兩物體間重力減弱的比例不是依循彼此距離的平方反比（也就是與距離的2次方成反比），而是與距離的2.0000001612次方呈反比，這樣就能解釋水星的運行[31, 32]。

以2.0000001612取代2有損牛頓重力定律的簡單性。但如果大自然選擇的不是美妙而是醜陋，我們除了接受也別無選擇。紐康的想法不可行的原因在於，雖然這樣一個混亂的重力「指數次方定律」可以解釋水星的運行，卻得付出無法解釋月球運行的代價。

　　愛因斯坦的解釋可同時符合水星與月球的觀察發現。太陽系內部行星由於靠近質量巨大的太陽，所以時空扭曲到足以對行星的運作造成明顯可見的異常。而月球靠近的是質量微小的地球，其周遭時空扭曲程度要小得多，所以月球不會出現明顯可見的異常運行。

　　歷史又再度重演。勞侖茲與菲次吉拉提出，當物體以趨近光速的速度前進，其長度會收縮，但他們無法對此提供任何根本解釋。然而，愛因斯坦做到了。紐康則提出太陽周遭附近的重力會比牛頓預期的強些，但也無法提出根本解釋，或者比較合適的說法是「正確解釋」。然而，愛因斯坦也做到了。

愛因斯坦的場方程式

　　來自希爾伯特的壓力如掐住脖子般，對愛因斯坦產生了所需的效果。在第四場也就是最後一場演講的前一週，歷經 8 年奮戰的愛因斯坦在緊要關頭終於達成目標。1915 年 11 月 25

28　Abraham Pais, *Subtle is the Lord*, Oxford University Press, Oxford, 1983, p. 20.

29　出處同上，p. 257。

30　Einstein letter to Paul Ehrenfest, Berlin, 16 January 1916.

31　Simon Newcomb, *The Elements of the Four Inner Planets and the Fundamental Constants of Astronomy: Supplement to the American Ephemeris and Nautical Almanax for 1897*, Government Printing Office, Washington DC, 1895, p. 184.

32　紐康在 1902 年所做的著名聲明就是：「比空氣重的器械要飛行，不是完全不可能，就是不切實際且毫無意義。」隔年萊特兄弟就證明他是錯的。

日，他穿上了禦寒外套，沿著菩提樹下大街（Unter den Linden Strasse）前行至普魯士科學院，面對聽眾演說。他只在黑板上寫下：

$$G_{uv} = 8 \pi \, GT_{uv}/c^4$$

這是無論處在何種運動狀態下，都適用於每個人所受重力的定律。簡言之，這就是廣義相對論。美國科學作家丹尼斯・奧弗拜（Dennis Overbye）說：「這是統禦宇宙的方程式。」[33]

愛因斯坦的方程式使用了極為密實的符號，就像《神祕博士》（*Dr. Who*）的「塔迪斯時光機」（Tardis）一樣，內在要比外在看起來大多了。方程式的左邊事實上是個4×4數字的數字表，也就是所謂的「愛因斯坦曲率張量」（Einstein curvature tensor），其概括了時空的彎曲。方程式的右邊則是另一個名為「應力─能量張量」（stress-energy tensor）的4×4表，其概括了「重力的來源」。[34]

愛因斯坦方程式包含了4×4數字表，意味著其實有16個方程式。事實上，愛因斯坦可運用「對稱分析」（symmetry arguments）將方程式的數量減至10個。雖然如此，事實仍然顯示，他用10個方程式取代牛頓重力理論的一個方程式。

愛因斯坦的「重力場方程式」認定，任何質能的分布都會產生扭曲的時空。這些方程式即是惠勒所說「物質告訴時空

要怎麼彎曲，而扭曲的時空則告訴物質要如何移動」的數學實體。要發現符合10個重力場方程式所解釋的時空，是極為困難的事。事實上，難度高到任何人只要發現其中一個符合解釋的時空，就會以他們的名字來命名。

　　愛因斯坦的場方程式具有「一般協變性」（generally covariant），這表示它們不會因為你的視角不同而有所改變（技術上來說就是，無論是用什麼樣的座標系統來描述，它們的形式都不會改變）。這就是它們的美妙之處，也是愛因斯坦的心血結晶。

　　但愛因斯坦的理論與他1907年所設定的原型不大相同。他原先的目標是想發現人們相對於彼此處於不同速度的狀態下，或說處於「加速」的狀態下，測量人們的時間與空間時必須怎麼做，才能讓他們遵循同樣的物理定律。實際上，愛因斯坦是以全新且修正過的重力論來取代牛頓的重力定律，而不僅僅只是發現一個有關加速觀察者的理論。這就是種科學上的意外收穫。

33　Dennis Overbye, 'A Century Ago, Einstein's Theory of Relativity Changed Everything', *The New York Times*, 24 November 2015.

34　「應力能量張量」就像個裝有大量資訊的袋子，裡頭裝有某時空點所呈現出的情況，包括：能量密度、動量密度、壓力、受力……等等（http://pitt.edu/~jdnorton/teaching/HPS_0410/chapters/general_relativity/index.html）。

重力造成光的彎曲

當愛因斯坦的粉筆在柏林的黑板上嘎吱作響，外面世界上演著截然不同的場景，遭大規模屠殺的年輕人人數不斷增長。截至1915年，毒氣攻擊造成各地士兵中毒、遭焚與窒息；齊柏林飛船的轟炸造成英國人民死亡；U型潛艇在愛爾蘭沿岸外海以魚雷擊沉郵輪「盧西塔尼亞號」（Lusitania），造成1,198人死亡。

雖然戰爭的恐怖不斷加深，但令人難以置信的是，交戰國的科學家彼此之間仍然維持聯繫。在廣義相對論發表的幾個星期內，資料副本就從德國走私到荷蘭，再從荷蘭送至英國。雖然「結束一切戰爭的戰爭」造成1億人死亡，以及許多人的身心永遠受創，但在1918年11月11日停戰協議達成後的1年內，一位英國人證實了愛因斯坦的關鍵預測，讓這位生於德國的物理學家高掛在科學界的蒼穹之中。[35]

亞瑟·史坦利·愛丁頓（Athur Stanley Eddington）從萊登的荷蘭天文學家威廉·德西特（Willem de Sitter）那裡，收到走私而來的愛因斯坦理論副本。身為一流的科學推廣者，這位劍橋科學家成為向英語世界傳播愛因斯坦理念的主要推手。1919年，一位記者向他提問：「世上只有3人能懂廣義相對論是真的嗎？」他回答（也許不像往常般的謙虛）：「噢，那誰是第三人？」

　　愛丁頓全神貫注於愛因斯坦對太陽重力造成光彎曲的預測。1907年，愛因斯坦在撰寫狹義相對論的文章時了解到這個作用，並首次開始思考建立不同於牛頓的重力論，此重力論要能與空間、時間、物質及能量的新觀點相容。

　　狹義相對論已經表示，包括光能在內的所有能量都具有「有效質量」。[36]因此，像太陽這樣質量巨大的物體必會對光產生引力，就像它對物質會產生引力一樣。若是觀察到此一作用，就能為愛因斯坦的重力論提供強而有力的證據。

　　然而，愛因斯坦完整建構出相對論時，明白重力對光所造成的彎曲，其實比他於1907年時所猜想到的作用方式更加微妙。

　　我們回頭再以處於遮蔽火箭船艙中的太空人為例，火箭位於沒有任何行星重力能夠觸及的地方，以1g的加速度行進。因為太空人的腳牢牢釘在地板上，且所有物體無論質量為何都以同等的速率掉落，所以太空人根本無從得知自己不在地球表面。

　　不過這其實不完全正確，有個方法可以讓他知道。

　　地球是圓的，因此所有物體都會往地球中心掉落。以最極端的情況為例，當物體從地球的兩對側，比如說英國及紐西

35　雖然愛因斯坦生於德國，又以德國為根據地，但嚴格來說，他在1896年放棄德國公民身分後，就不再算是德國人了。

36　光粒子就是所謂的「光子」，它沒有內在或「靜止」的質量（如果有，它就無法以光速行進）。光子的有效質量全來自其能量，或更精確地說是「能量—動量」（energy-momentum）。

蘭掉落，它們墜落的方向會相反。事實上，無論物體從何處墜落，其路徑最終必然會靠近會合，因為它們都往地心墜落。

　　然而，火箭中的太空人看到的並非如此。如果他以夠精確的儀器來觀測兩物體掉落的情況，就會發現其路徑不會靠近會合，而是維持平行，所以他能猜測出自己並不在地球表面。

　　值得注意的是，這並不是足以擊潰愛因斯坦相對論的殺手鐧。廣義相對論宏大知識體系所立基的等效原理，事實上只要求重力與加速度在區域中相同即可，也就是在空間中的任何小區域即可。

　　但在像地球或太陽等實體的周遭，物體掉落的路徑會靠近會合，正意味著光的路徑也是如此。有別於火箭船艙中的情況，在這類物體的周遭，光束彎曲的程度為原先預期的2倍之多。

　　我們周遭對光造成最大彎曲的實體當然就是太陽，太陽占了全太陽系總質量的99.8%。愛因斯坦明白，要看見此作用的最佳方式就是觀察遙遠的星星，星星的光傳送到地球前得先經過太陽附近，也就是經過時空深谷最陡峭之處。光的路徑會與登山者在山頭間所找的路徑一樣彎曲。所以，在地球上觀測星星時，它在天空中的位置會偏離原先預測的位置。

2次日食的故事

　　就像我們難以發現車燈旁的螢火蟲般，太陽附近的星星也會顯得暗淡無光。然而，在一種情況下可以看到這類星星：太陽發亮的圓盤被月球的圓盤所遮蓋時。發生「日全食」時，世界會陷入黑暗中數分鐘，星星就能在白晝現身。

　　每隔數年，日全食就會現身在地球的某個地方，但只有在地球表面的某個狹長地帶中，太陽、月亮與地球才會連成所需的一線。因此，在特定年分要在特定地點看到日全食的機會微乎其微，平均而言，大約是每350年一次。

　　幸運的是，在1914年8月24日，在離德國不遠的俄國克里米亞半島（Crimea peninsula）可以看見日全食。德國組成一支考察團，由深受愛因斯坦理念影響的天文學家埃爾溫‧弗羅因德利希（Erwin Freundlich）領軍。7月19日，弗羅因德利希與兩位同伴帶著4部裝有相機的望遠鏡離開柏林。然而，當時並不是前往俄國的好時機。

　　幾個星期前，奧地利大公法蘭茲‧費迪南（Franz Ferdinand）於塞拉耶佛遭塞爾維亞國家主義者射殺，弗羅因德利希應該也知道這個消息。但跟其他的歐洲人一樣，他並未看出加夫里洛‧普林西普（Gavrilo Princip）射殺行動所引發的重大連鎖效應。英國對德宣戰的3天前，也就是8月1日，俄國就對德國宣戰了。

　　一夕之間，弗羅因德利希與同伴從俄國的賓客變成敵人。他們被捕下獄，器材也遭到扣押。因此，他們當然沒有看到日全食 —— 不過不知怎麼地，當天克里米亞半島也是雲層密布，難以看見日全食。不過，他們悲慘的命運並未持續太久。在第一次世界大戰的首次戰俘交換行動中，他們與俄國官員被互相交換，並於9月底跋涉回到柏林。

　　事實上對愛因斯坦而言，這是萬幸的結果，不只因為弗羅因德利希是他的朋友及支持者，也是因為，若當時這位天文學家順利對受到太陽影響而產生偏折的星光進行測量，所得到的結果將不符愛因斯坦的預測。原因在於，愛因斯坦在1914年時仍相信偏折的程度為0.87弧秒，這是他於1911年所得的數據，但正確數值1.7弧秒得要到1915年完整理論成形後才能得出。[37]

　　第一次世界大戰於1919年5月29日結束，當時又有另一次日全食。愛丁頓與一位助理前往西非沿海幾內亞灣的普林西普（Principe）小火山島觀看日全食。5月29日的天氣並不晴朗。事實上，當天早晨開始就下起熱帶大雨。雖然大雨在日全食出現的上午時分已經停歇，但雲層在日全食發生當下反覆聚集又消散，讓愛丁頓與助理沮喪不已。他們唯一能做的就是拍下照片，並祈求好運降臨。

　　在愛丁頓沖洗的16張照片中，只有6張是在無雲的情況下拍到。有4張因為普林西普的熱帶高溫而無法顯像，只能打包送回英國。剩下的2張照片中，只有1張捕捉到滿天星光的清楚

影像，讓愛丁頓可以進行所需的測量。

不過1張就已足夠。

6月3日，愛丁頓將日全食當下的星星位置，與回到英國格林威治所拍照片的星星位置相比對。這是一份艱巨的測量工作。天空中1弧秒的距離，對應到愛丁頓照片中只有1/16毫米。但這位英國天文學家迎向挑戰，費盡千辛萬苦進行測量。他反覆地檢查再檢查。

結果明確無疑。靠近太陽的星星位置偏移了1.6±0.3弧秒，與愛因斯坦預測的幾乎分毫不差。

愛丁頓將會回顧這神奇的一刻，把它視為人生中最重要的大事。他確認了廣義相對論，證明牛頓是錯的。那位40歲的德國人繼承了牛頓的衣缽。愛丁頓為此寫了一首小品：

> 至少有件事是確定的，光具有重量。
> 光束在接近太陽時，不以直線行進。

說也奇怪，1914年的考察團因為一位叫做普林西普的人士而失敗，而後來1919年的考察團卻在一座名為普林西普的海島上獲得成功。

勞倫茲傳來電報時，愛因斯坦正臥病在床。雖然不能說就

37　1弧秒為1/60弧分，1弧分為1/60度，所以1弧秒為1/3,600度。

此驗證了廣義相對論，但它可能傳達了愛丁頓從普林西普傳回
英國的電報中簡短但振奮人心的字句：

> 穿越雲層。懷抱希望。
>
> 愛丁頓

　　這就夠了。「我知道我是對的！」愛因斯坦興奮地大喊。[38]
　　愛因斯坦的確知道自己是對的，不只是因為他有自信（雖
然他一向如此），還有他總是抱持大自然的基本定律必是優雅
美妙的偉大信念。廣義相對論的方程式確實優雅美妙。後來曾
有博士生問他：「如果廣義相對論沒有受到愛丁頓證實，那會
怎樣呢？」
　　「那我會為親愛的上帝感到遺憾，」愛因斯坦回答。[39]
　　1919年11月7日，倫敦《泰晤士報》第十二頁，有篇文章
上出現3行標題：

> 科學革命
>
> ——
>
> 宇宙新理論
>
> ——
>
> 牛頓理念被推翻

　　這是針對前一天英國皇家學會與皇家天文學會聯合會議的一篇新聞報導。愛因斯坦在一夕之間成為超級巨星。他注定要跟卓別林一樣享譽全球。事實上，他拜訪洛杉磯期間就住在卓別林夫婦家中。[40]愛因斯坦如此的盛名，讓1947年首次訪美的法國名歌手愛迪・琵雅芙（Edith Piaf）在記者招待會上，回應記者問她最想見到誰時毫不猶豫地說：「愛因斯坦，我還要拜託你給我他的電話。」[41]

　　愛因斯坦於1921年首次拜訪倫敦，當時住在生物學家約翰・霍爾丹（J. B. S. Haldane）家中。這就像聲勢如日中天的披頭四樂團住到家裡來一樣，所以霍爾丹的女兒一看見愛因斯坦走進前門，便壓抑不住興奮與激動的情緒，馬上就昏倒了。[42]

　　愛因斯坦來到倫敦是為了發表演說，演說的前一天早晨，他離開霍爾丹家，徒步走向西敏寺。在寺內圍欄裡的中殿處，他凝視著偉大前輩牛頓的大理石墓。

　　牛頓與愛因斯坦兩人都受到掉落物體的啟發，而創造出他們的重力論。牛頓在蘋果的掉落中看見了月球的掉落，也因此統一了天與地。愛因斯坦在工人從屋頂的掉落中明白重力只是

38　Thomas Levenson, *The Hunt for Vulcan*, Head of Zeus, London, 2015, p. 161.

39　Ilse Rosenthal-Schneider, *Reality and Scientific Truth*, Wayne State University Press, Detroit, 1981, p. 74.

40　Charles Chaplin, *My Autobiography*, Penguin, London, 2003.

41　Simone Bertault, *Piaf*, Harper & Row, New York, 1972.

42　Pais, *Subtle is the Lord*, pp. 311-12.

種錯覺。這兩人都知道「翱翔在獨自思考的新奇海域」是什麼樣的感覺。愛因斯坦說：「大自然對他（牛頓）而言是本一目了然的書，毫不費力就可閱讀。」牛頓死於2個半世紀前，但愛因斯坦對牛頓思考過程的了解勝過現今任何人，如果愛因斯坦有機會見到牛頓，那會是什麼樣的光景呢？

　　有了廣義相對論，愛因斯坦等於握有物理學史上最強大的工具之一。然而，他雖然是天才，卻不代表他就不會犯錯。值得注意的是，他忽略了自身理論中某些最為重要的預測。雖然愛因斯坦的重力論已針對牛頓重力論做了巨幅修正，但關於黑洞與大霹靂的預測，將會揭露愛因斯坦的重力論也有其瑕疵。

CH 7　上帝在哪裡出了錯
愛因斯坦重力論如何就黑洞「奇異點」做出瘋狂預測，以及為何需要不會出現瘋狂預測的更深層理論

> 有幾年的時間，我與潘洛斯的早期研究似乎成了科學界的大災難。我們的研究顯示，若愛因斯坦的廣義相對論正確，宇宙必定始於奇異點。這顯然意味著科學無法預測宇宙是怎麼誕生的。── 霍金[1]

> 黑洞教導我們，空間可以像紙片一般揉成無限小的點，時間可以像被吹熄的火焰那般熄滅，而我們認為「神聖」到永恆不變的物理學定律就更什麼都不是了。── 惠勒[2]

1916年2月，愛因斯坦收到一個意外的包裹，寄件者是東線戰場上的士兵。卡爾・史瓦西（Karl Schwarzschild）是柏林郊外波茨坦天文物理學天文台台長。1914年戰爭爆發後，他因為極至的愛國情操，自願放棄一切從軍。在德軍陣營的18個月

1　Gregory Benford, 'Leaping the Abyss', *Reason Magazine*, April 2002 (http://reason.com/archives/2002/04/01/leaping-the-abyss) .

2　John Wheeler and Kenneth Ford, Geons, *Black Holes & Quantum Foam*, W. W. Norton, New York, 2000.

中，他曾負責運作比利時的一處氣象站，也曾待在法國計算大砲的彈道軌跡，而寫信的當下，他正在俄國戰場上。

　　雖然身處邪惡戰爭中，史瓦西還是找出時間寫了數篇科學論文，其中2篇有關愛因斯坦的相對論，他在相對論於1915年底發表後就迅速了解其中的內容。史瓦西研究最著名之處在於，他在極短時間內就踏出了超越愛因斯坦的一步。

　　相對論的方程式極為複雜，總共用了10個方程式來取代牛頓單一的平方反比定律方程式。相對論的方程式極為複雜，因此難以據此推論出實體周圍時空的形狀。但史瓦西做了數個簡化假設，將愛因斯坦的方程式簡化成更為簡單且容易計算的形式，讓他可以「解出方程式」。

　　史瓦西的「解法」得出像恆星這類區域實體周圍扭曲時空的形狀。愛因斯坦感到驚奇。「我從未想過有人能以這樣簡單的方式推導出此問題的正確解答，」愛因斯坦回信給史瓦西時寫道。

　　最值得注意的是，史瓦西表示若有足夠的質量被擠壓到足夠小的體積，時空會產生極至的扭曲而形成一個無底洞。此洞的邊牆陡峭到當光試著要爬出洞外便會耗盡能量，在未逃出前就精疲力竭地死去。因為沒有光，此時空區域會比黑夜更加黑暗。

　　史瓦西並沒有為自己發現的東西命名，直到1976年才由美國物理學家惠勒為其命名。但今日這類無底洞的名稱，幾乎無

人不知、無人不曉。史瓦西的方法解出了:「黑洞」。[3,4]

　　史瓦西的人生是個悲劇。他在俄國時得了一種罕見且嚴重的「免疫」疾病,身體的免疫系統出現功能性障礙,對健康組織進行攻擊,導致皮膚、口腔內部、鼻腔內部、喉嚨、肛門內部與生殖器內部長出「尋常型天皰瘡」(Pemphigus vulgaris)。沒有人知道致病原因,雖然也許是遺傳及環境因素共同造成;此病也沒有治療方法,雖然現代醫療會以類固醇緩解症狀。如果皰瘡具有感染性,就會經由血液擴散到全身。這即是史瓦西的情況。他於1916年3月因病退役回到柏林,並於2個月後的5月11日病逝,享年42歲。

　　史瓦西的黑洞受到「事件視界」環繞。任何穿過事件視界到達內部的東西(無論是光還是物質),都無法再回頭。事件

3　史瓦西解出的是「不會旋轉」的黑洞,但所有天體都會旋轉。雖然如此,直到1962年,也就是愛因斯坦發表廣義相對論的半個世紀後,會「旋轉」的真正黑洞所造成的時空扭曲,才由紐西蘭物理學家羅伊・克爾(Roy Kerr)推導而出。

4　雖然我們常將「黑洞」的命名歸功於惠勒,但事實上他只是推廣了這個名稱而已。「1967年秋天,(我應邀)參加一個脈衝星的會議……」他寫道,「我在演講中主張我們應該想想脈衝星的中心可能是重力完全塌陷的物體。我提到不想一直使用『重力完全塌陷的物體』這般冗長的用語,需要一個較短的用詞。『黑洞怎麼樣?』聽眾之中有人提議。我已經花費數月的時間尋找適合的用詞,無論是躺在床上、洗澡時,還是在車上,我一有機會就會想到這件事。聽眾所提的這個名稱意外合適。1967年12月29日,我在美國科學研究學會暨菲比塔卡帕聯誼會(Sigma Xi-Phi Beta Kappa)上進行一場極為正式的演講時,就用了這個詞,也在1968年春天出版的演講文本上使用這個用語。」Wheeler and Ford, *Geons, Black Holes, and Quantum Foam*, p. 296.

視界提供了黑洞「大小」一個基準。太陽若要變成黑洞,它必須崩塌成半徑不到3公里的球體,而地球的「史瓦西半徑」更只有2公分。幸運的是,對我們而言,太陽與地球的質量都並未大到其重力會讓自身變成黑洞。

但若是一個質量非常巨大的恆星在事件視界中崩塌(就宇宙而言,就是造成恆星消失),恆星的重力就會讓恆星本身持續崩塌成一個無限小的點。當恆星確實消失,便只會剩下時空的無底洞。「自然界中的黑洞是宇宙中最完美的宏觀物體,」印度籍諾貝爾獎得主蘇布拉馬尼安・錢德拉塞卡(Subrahmanyan Chandrasekhar)說,「黑洞結構中的唯一元素,就是我們的時空概念。」[5]

恆星物質的崩塌造成其密度變得無限大,因此黑洞中心處的時空彎曲與重力強度會上衝到無限大。[6]美國演員兼作家史帝芬・萊特(Stephen Wright)說:「黑洞是上帝出了錯的地方。」任何理論若出現這樣荒謬的「奇異點」,就表示理論所描述的並非實際情況。理論分崩離析,變得跟廢話沒有兩樣。

對於史瓦西的黑洞論文,愛因斯坦說:「如果結果真是如此,那真的是災難了。」但愛因斯坦(甚至是史瓦西)根本不認為結果是真的。他們兩人都不認為方程式所解出的黑洞真的可能存在於宇宙中。

少數相信的人士也不在意。恆星的能量供給有限,當能量耗盡,恆星內部的火焰必定會熄滅。這些正是在恆星有生之年

中阻止其崩塌的火焰，所以恆星之後會開始縮成一個奇異點。但是某些新的力量會躍出提供救援，在縮小發生的很早之前就阻止這件事發生。這也讓人不太相信大自然會任由荒謬的奇異點形成。

實際上，大自然的確提供了救援力量。這是「量子論」所造成的結果。量子論是原子與其結構微觀世界的奇特理論。[7]

量子星

量子論在20世紀開始的10年中走得跌跌撞撞，到了1920年代中期才有了穩固的數學基礎。這個理論意識到物質的基本結構元件，會同時具有如極小撞球般的區域性粒子特性，以及像池塘漣漪般的外擴波動特性。這種特別的「波粒二象性」（wave-particle duality）會產生多種奇特且意想不到的現象。舉例來說，單一粒子擁有同時處於2個或2個以上階段的能力。恆星在臨終用盡維持內部火焰所需的燃料之際，此特性便會產生

5　無論縮小成黑洞的恆星原先是什麼模樣，所形成的黑洞都一樣。黑洞只有3種特性：質量、轉速與電荷。不過，因為巨大物體傾向擁有相同的正電荷與負電荷以便讓自己不帶電，所以黑洞實際上只具有質量及轉速。美國物理學家惠勒將這種情況歸結於：「黑洞沒有毛髮。」換句話說，在黑洞外觀察讓它誕生的事件，對於了解黑洞毫無幫助。

6　史瓦西一開始以為奇異點在黑洞的視界中。但結果顯示，那只是他所用座標系統的人工產物。真正的奇異點在黑洞的核心處。

7　請參考第八章。

極為重要的影響。[8]

　　失去向外擴張能力的恆星，其物質會因強大的重力而崩塌，直到塞進有如地球大小的體積為止。這樣一顆「白矮星」是太陽體積的1/100，密度卻是太陽的100萬倍。白矮星是包括太陽在內的所有正常恆星演化的終點。在密度這麼高的情況下（1塊方糖大小的白矮星物質具有1輛家庭房車的重量！），電子被迫要聚在一起。

　　將任何形式的波動擠進極小的空間中，會讓波動起伏更為猛烈。在量子波的例子中，更為猛烈地起伏等同移動更為快速的粒子（嚴格來說，是具有更大「動量」的粒子）。這就是著名的「海森堡不確定性原理」（Heisenberg Uncertainty Principle）。此原理指出，白矮星內部的電子被高度擠壓聚攏時，便會獲得極高的速度。

　　這是對白矮星有重大影響的一項量子效應，但還有第二項有點難以解釋的效應。[9]我們姑且這樣想，波粒二象性的另一個結果就是，物質基本結構元件會帶來2種截然不同的粒子群：群聚在一起的「玻色子」（boson），與各自為政的「費米子」（fermion）。包括電子在內的費米子，據說會遵守「包利不相容原理」（Pauli Exclusion Principle），此原理指出沒有2個費米子可以同時占據相同的量子「狀態」。[10]

　　對白矮星內部的電子而言，這表示相鄰的2個粒子必定會有明顯不同的速度。所以依照海森堡不確定性原理，若一個粒

子具有某一速度,那麼它的鄰居必定有更高的速度,實際上2倍的速度;而鄰居的鄰居也會有更高更高的速度,實際上3倍的速度,以此類推。

　　想像有一個梯子,每一階都對應到更高更高的速度。根據包利不相容原理,每一階只能存在1個電子(其實可以有2個,但這又是另一回事了![11])。包利不相容原理確保白矮星中的電子有著超凡的極高速度,遠超出海森堡不確定性原理所認定的速度。就是這些在恆星內部嗡嗡作響的超高速電子抵抗住重

8　海森堡不確定性原理也讓原子可能被觀測到,如同費曼所言:「從古典觀點來看,原子是完全不可能存在的。」原子中的電子像行星繞著太陽那般,也繞著「原子核」運轉。根據電磁理論,它應該會如同小型無線電發射機那般作用,以不到十億分之一秒的速度,將其軌道能量以電磁波放射出並旋轉入原子核中。但它不會這麼做,因為電子的量子波無法任意擠壓成極小的體積。或從粒子的觀點來看,電子擠壓接近原子核時,會像處在不斷縮小的盒子裡的蜜蜂一樣,變得更為憤怒,以更為猛烈的方式撞擊困住它的監獄牆壁。

9　Marcus Chown, *We Need to Talk About Kelvin*, Faber & Faber, London, 2010.

10　包利不相容原理讓原子(大自然的基本樂高積木)可以有各種樣式,而這就是複雜世界的根本基礎。根據電磁理論,在原子中的所有電子,在放射出軌道能量後,會擠進最低的能量軌道中,盡可能地靠近原子核。如果這種情況發生,所有自然存在的92種元素中的原子不但會有相同的大小,還會有同樣的行為表現。這是因為元素中原子的行為表現,取決於電子的排列方式。包利不相容原理指出,電子會占據原子核外圍的「殼」,電子在外殼中的確實數量會決定原子與其他原子鍵結形成化合物的方式。「事實上,電子彼此間無法層層疊起,讓桌子及其他東西變得堅硬,」費曼說。

11　電子本身就會「旋轉」,日常世界中沒有其他這樣的物體。電子並非真的在旋轉,但表現出來的就好像是這樣。無論如何,就讓我們想像電子在旋轉。電子以大自然所容許的最低速率旋轉,旋轉的方向有2種:順時針與逆時針(以物理專業術語來說,就是「上旋」與「下旋」)。這表示若電子的旋轉方向不同,它們所處的狀態就不同。因此,包利不相容原理容許在同個位置的2個電子(不是1個電子)可以擁有相同的速度。

力。這些電子所謂的「電子簡併」（electron degeneracy）壓力，
讓白矮星保持穩定，並且避免它縮小成比地球還小的球體。[12]

這就是1920年末的場景。量子論神奇地出現，解救了垂死
恆星。它阻止了恆星失控崩塌成在核心處具有荒謬奇異點的黑
洞。一切都受到控制，每件事都如此美好。

或者，這只是表象。

錢德拉賽卡極限

1930年8月，一名19歲的印度人從孟買搭船前往英國到劍
橋大學去。我在前面已經引述過他後來在簡化黑洞上的卓越成
就。他的名字是錢德拉塞卡，幾乎可說是個數學天才。

航程開始時的天候不佳，船隻只能以一半的速度前進。不
過到了亞丁時，太陽現身了。所以當船隻通過蘇伊士運河，錢
德拉塞卡終於可以離開在海象惡劣時只能坐困其中的客艙。

我想像他步履蹣跚地抱著一堆搖搖欲墜的書走在甲板上，
那些是有關量子論與天文物理學的書。汗流浹背的他把書放到
一張躺椅上，自己則癱坐在一旁的躺椅上。其他經過的印度人
瞧見他奇怪的模樣，他也不以為意。他不跟其他印度人打交
道，也非常清楚他們覺得他不是驕傲就是孤僻，但他一點也不
在乎。至少他可以平和安靜地思考，進行真正的思考。當船隻
駛過西奈半島的沙灘，沙漠帶來的熱風拂過他的臉龐時，他腦

中所思考的是與周遭景物極不搭調的白矮星。他始終只想著一個問題：白矮星中的電子是否具有相對論性（relativistic）？他來回翻閱著書本與論文，搜集到描述恆星內部與電子在超高密度下之行為表現的方程式。他填入所知的數字，並調整方向直到解出答案。他檢查再檢查，答案絕對沒問題。白矮星內的電子會以超過1/2的光速移動，這是愛因斯狹義相對論會作用的速度。以專業術語來說，就是電子具有「相對論性」。

這是驚人的極大速度：秒速超過15萬公里！但對錢德拉塞卡而言，更重要的是這樣的速度所帶出的含義。這代表只有量子論已不足以了解白矮星。一個能解釋白矮星的正確理論，必須也要將愛因斯坦的狹義相對論整合進來才行。

當夜幕低垂，天空掛滿了數不盡的星星。沒有人猜到那位坐在躺椅上的奇怪年輕人，正全神貫注埋首於筆記中，計算著星星們的內部特性，也因此時常忘了吃晚飯。他的身體也許被局限在船隻的甲板上，但他的心思卻在瀕死太陽的餘灰中自由遊走。

錢德拉塞卡沒有花太長時間就建立出適用白矮星的相對論

---

12 為什麼對抗重力並撐住行星的不是原子核，而是電子？答案是原子核太大也太遲緩，無法像快速移動的電子提供出那麼多的外展力量。那麼自由電子又是怎麼做的呢？正常情況下，在冷空氣中（還記得恆星不再具有任何內部火焰了嗎？），所有的自由電子都會繞著原子核沉睡。所以這裡的答案是：電子靠得太近，造成電子的軌道比原子核的間隔還要大。以專業術語來說就是，它們「壓力游離」（pressure ionized）了。

直到1967年，劍橋研究生約瑟琳・貝爾（Jocelyn Bell）才發現了中子星；貝爾發現一顆看似快速旋轉的「脈衝星」，事實上是顆中子星。[13]

雖然「中子簡併壓力」讓中子星可以安穩地對抗更進一步的重力塌陷，但中子星跟白矮星一樣都有弱點。中子星是「具相對論性的恆星」，其組成粒子以接近光速的速度飛行。因此，超過某個質量門檻後，連中子星的物質都會變成棉花糖。

由大自然「強核力」（strong nuclear force）所凝聚的中子，其物理特性比起經由電磁力相互作用的電子要複雜得多。因此，中子星的質量門檻並不像錢德拉塞卡限制那般精確。1932年俄國物理學家列夫・朗道（Lev Landau）首次計算出此門檻，目前普遍認為中子星的質量門檻大約是太陽質量的3倍。對於質量大過此門檻的恆星而言，沒有已知的力量可阻止它們縮小成奇異點。

若沒有恆星大過3倍的太陽質量，就不用在意此質量限制。但此類恆星絕對存在。極少數的恆星其質量甚至超過太陽質量的100倍。這類恆星本質上就不穩定，在有生之年容易突然產生猛烈爆發，噴射出大量物質。但就算如此，其內部的火焰閃爍不定而終至熄滅後，它們所擁有的質量依然大過3倍的太陽質量。產生驚人的崩塌造成黑洞形成，顯然無可避免。

事實上，我們知道這必然會發生。1971年，美國太空總署烏呼魯衛星（Uhuru）發現第一號黑洞候選人：天鵝座X-1

（Cygnus X-1）。我們目前已知，銀河系之中存在著二十多個恆星質量等級的黑洞。除此之外，美國太空總署哈伯太空望遠鏡已經確認，宇宙中幾乎每個星系的核心處都潛伏著一個巨大的黑洞。有些是太陽質量的500億倍，其中位在銀河系中心且距離我們2.7萬光年遠的人馬座A*（Sagittarius A*）黑洞，大約是太陽質量的430萬倍。這類「質量超大」的黑洞從何而來，是現代天文物理學最重要的謎團之一。

然而，讓奇異點在廣義相對論最核心處意外現身的黑洞，並非愛因斯坦重力論的唯一問題。還有另一個問題，那就是大霹靂。

大霹靂

廣義相對論是物質（或更廣泛地說是能量）如何扭曲時空結構的指南。愛因斯坦從來就不會逃避科學上真正的大問題，因此他在1917年將自己的理論套用到所能想到的物質最大集合模式：整個宇宙。

重力精心編排了宏觀宇宙，因為質量只有引力這一種形式。因此，雖然到目前為止，萬有引力是自然界基本力量中最

---

13 雖然目前脈衝星相關研究已獲得3個諾貝爾物理學獎項，但身為發現者的約瑟琳・貝爾卻沒有獲獎。

微弱的一種,但它的作用會隨著質量增加而無止境地增強,甚至在行星的規模就成了壓倒自然界所有其他基本力量的強大之力。「重力是難以擺脫的習慣,」英國奇幻文學作家泰瑞・普萊契(Terry Pratchett)說。[14]相較之下,自然界的「強」核力與「弱」核力的作用範圍極小,而電磁力雖然像重力一樣可以在無限範圍中作用,但因為2種電荷的存在讓它具有相吸或相斥作用,所以在宏觀世界中會被抵消。

重力如同宇宙等級的愛神丘比特,期望把所有東西送做堆,不斷努力打破物質間的駭人隔閡。當物質從一開始因為大霹靂的爆炸而飛散到宇宙四處,重力確實就成了自然界孤立核心凝聚的力量。如同美國作家丹・西蒙斯(Dan Simmons)所言:「愛以物質與重力的形式,深植在宇宙的結構之中。」[15]

愛因斯坦將自己的重力論應用在整個宇宙上,創造了研究宇宙起源、演化與最終命運的科學:「宇宙學」。但他的想法有些錯誤。就像之前的牛頓一樣,愛因斯坦也相信宇宙過去一直是這樣,未來也一直會是這樣。這樣一個不變或說「靜止」的宇宙,最大的訴求就是沒有開始也沒有結束,所以不用浪費時間思考宇宙是怎麼開始的這種麻煩問題。

問題是,愛因斯坦方程式描述的顯然是一個亟欲動作的動態時空。於是,愛因斯坦假設「真空」(empty space)帶有能量以解決這個問題,真空帶有獨立於任何物質之外的能量,讓它本身就帶有曲度。愛因斯坦稱此曲度為「宇宙常數」,它以真

空的排斥力表現出來。因此，雖然宇宙中所有物體以萬有引力彼此相吸，但會被真空的排斥力完全抵消。嘿嘿！這就變出了「靜態宇宙」。

　　愛因斯坦最偉大的追隨者愛丁頓在1930年表示，愛因斯坦的靜態宇宙永遠行不通。就像以筆尖垂直立起的鉛筆那樣，靜態宇宙極不穩定，極小的干擾就會讓它從平衡點上傾倒。愛因斯坦所設想的宇宙在膨脹與收縮間的利刃邊緣搖搖欲墜，微不足道的刺激就會將其疾速推往某個方向或另一個方向。

　　雖然愛因斯坦遺漏了自身方程式顯露的訊息，也就是宇宙必定處於運轉狀態，其他人卻沒有錯過這個訊息。為了簡化自己的方程式以便方程式可以「解出」，愛因斯坦堅持宇宙中物質的密度始終維持恆定狀態。愛因斯坦在1917年提出此假設時，收到愛因斯坦理論走私副本的荷蘭學者德西特，也將廣義相對論應用到宇宙上。德西特與愛因斯坦形成強烈對比：他並未堅決主張物質密度必須維持恆定，反而對此持開放態度。德西特發現愛因斯坦理論所容許存在的宇宙，是個會膨脹的宇宙。若把2個粒子放在這樣的宇宙之中進行測試，空間的一般性膨脹會穩定增加2粒子間的距離。

　　問題是，德西特的宇宙是個空無一物的宇宙，除了膨脹的

14　Terry Pratchett, *Small Gods*, Corgi, London, 2013.

15　Dan Simmons, *The Fall of Hyperion*, Gollancz, London, 2005.

時空之外什麼都沒有。它無法描述我們所存在的宇宙（此外，令人震驚的是，它還顯現了愛因斯坦釋出的瓶中精靈：時空是完全獨立於物質之外的動態事物）。

但在1922年，俄國天文學家亞歷山大・弗里德曼（Aleksandr Friedmann）發現了愛因斯坦理論容許的整套宇宙，它們會膨脹或收縮，也帶有物質。5年後，比利時天主教主教喬治・雅培・萊馬蒂（Georges Abbé Lemaître）也獨自發現了與弗里德曼相同的「演化中」的宇宙。今日大多數人都透過更常見的通稱「大霹靂宇宙」而認識弗里德曼—萊馬蒂宇宙。[16]

弗里德曼與萊馬蒂的宇宙當然只是個理論。但在1920年代，因為美國天文學家愛德溫・哈伯（Edwin Hubble）的緣故，一切都改變了。哈伯初次登場，就發現了「星系」。

愛因斯坦與其他學者因為不知道建構宇宙的真正元件，所以在研究思考時顯得綁手綁腳。20世紀初，已知太陽隸屬於一個名為銀河系的巨大星體群，還有其他無數個模糊的「螺旋星雲」（spiral nebulae）散布在天空中。問題是：這些發光氣體星雲究竟是位於銀河系內，或是隸屬於其他恆星星群（或說星系），導至它們因為距離銀河系過於遙遠而顯得星光暗淡？

1923年，哈伯運用了全球最大的「眼睛」解答了這個問題。哈伯在南加州威爾遜山（Mount Wilson）上，以100英寸的胡克耳望遠鏡（Hooker Telescope）對準仙女座的大星雲。他不但看見了個別星體，還可以根據星體本身規律的發亮與變暗現

象分辨出特殊類型的星體,並據此得出它們的距離。這些「造父變星」(Cepheid variables)無疑證實了仙女座距離銀河系極為遙遠,因此可知所有的螺旋星雲也都距離銀河系非常遙遠。[17]

哈伯發現了宇宙的基本結構元件:星系。擁有1,000億顆恆星的銀河系,只是1,000億個星系之一而已。[18]

哈伯的下一個好戲是開始測量星系移動的速度,他與原先是騾伕的天文學家米爾頓·赫馬森(Milton Humason)在威爾遜山上繼續工作。[19]截至1929年,哈伯在測量星系速度上所採樣的星系數量已經足夠,這讓他得到一個非凡的發現:幾乎所有星系都在遠離地球,幾乎沒有任何星系在靠近地球。距離越遠的星系,它們飛離我們的速度就越快。哈伯發現宇宙正在膨脹。弗里德曼與萊馬蒂從愛因斯坦相對論中所得出的大霹靂,顯然描述出世界的真實狀況。

---

16 「大霹靂」一詞是1949年時,英國天文物理學家霍伊爾在BBC電台廣播中提出,他是1948年「穩定狀態說」的創立者之一。諷刺的是,霍伊爾從來就不相信大霹靂。

17 1908年,亨麗愛塔·勒維特(Henrietta Leavitt)發現造父變星的特性,其脈衝週期越大,內在光度就越強。這表示可以從造父變星的周期來推算出它的實際光度。知道造父變星從地球看到的亮度,天文學家接著就可以提出下一個問題:造父變星要距離多遠,才會呈現出它目前的暗淡光度?

18 'Space is big. Really big. You just won't believe how vastly, hugely, mind-bogglingly big it is.' Douglas Adams, *The Hitchhiker's Guide to the Galaxy*, Chapter 8.

19 跟警鈴靠近時頻率會變高、遠離時頻率會變低的情況一樣,恆星中原子散射光頻率的高低,取決於恆星是在接近或是遠離地球。藉由量測元素中像氫這類一般原子頻率的「都卜勒效應」大小,天文學家可以得出恆星接近與遠離我們的速度。

造就了宇宙中99.9%的光粒子，也就是「光子」。

　　但無論是愛因斯坦或其他人，每個物理學家在研究過程中都會犯錯。伽莫夫的錯誤在於他認為大霹靂的餘輝沒有特徵，因此在今日的宇宙中不容易被辨識出來。然而，他的2個學生拉爾夫・阿爾菲（Ralph Alpher）與羅伯特・赫爾曼（Robert Herman）卻有不同的想法。他們認為大霹靂餘輝具有特徵，並猜測它有2項明顯特徵：一是它均勻地從天空中的每個方向而來，二是（以嚴謹一點的說法來說）它具有「黑體的光譜」。[23]

　　1948年，阿爾菲與赫爾曼在國際科學期刊《自然》上發表了他們的預測，但沒有人注意到他們。更糟糕的是，當他們向無線電天文學家請教是否能夠偵測到大霹靂的餘暉，卻被（錯誤地）告之不行。

　　時間快轉到1965年。美國AT&T電話公司的2位無線電天文學家阿諾・彭齊亞斯（Arno Penzias）與羅伯特・威爾森（Robert Wilson），承接了紐澤西州霍姆德爾鎮區的巨大「無線電號角」（radio horn）。這個號角過去曾用於「回音一號」（Echo 1）與「電星」（Telstar）等首批通訊衛星的相關先驅實驗。彭齊亞斯與威爾森想將號角運用在天文學研究上。但無論號角指向天空的哪一處，都會收到靜止狀態下的持續嘶嘶聲。[24]

　　他們原先認為聲音來自地平線上的紐約市，但當他們將號角轉至相反方向，還是聽得到嘶嘶聲。接著他們認為源頭也許來自太陽體系，但經過幾個月後，地球也繞著太陽轉到另一邊

去，嘶嘶聲卻不如預期有所變化。他們還認為，那也許是近期大氣層核試驗將電子射入高層大氣所產生的無線電波，但隨著時間過去，嘶嘶聲並沒有如預料中減少。

後來，彭齊亞斯與威爾森將目光放在於巨大無線電號角中築巢的2隻鴿子身上。牠們將「白色的絕緣材料」，也就是一般所知的鴿糞，塗在號角內部。這會是無線電波嘶嘶聲的亂源嗎？彭齊亞斯與威爾森捉住鴿子並清理號角內部。但令人沮喪的是，不正常的嘶嘶聲還是存在。

最後，彭齊亞斯從同事那裡得知，鄰近的普林斯頓大學正在找尋早期宇宙所留下的殘餘熱。真是令人難以置信，他與威爾森在全然意外的情況下獲得了從哈伯發現膨脹宇宙後最重要的宇宙發現：自宇宙誕生時所遺留下來的熱。他們確認了大霹靂的存在。

這是科學史上最偉大的發現之一。宇宙不是一直都存在的；在宇宙誕生的那天之前是沒有昨天的。彭齊亞斯與威爾森因為發現「宇宙背景輻射」，贏得了1978年的諾貝爾物理學獎。

---

23 黑體會吸收所有落在其上的熱。快速移動的原子會經由碰撞將能量轉移到移動緩慢的原子上，因此透過原子的無數碰撞，熱會散布在所有原子之間。結果就是，對黑體散射熱量造成影響的，並非構成黑體的原子種類。「黑體輻射」擁有的宇宙光譜，只取決於一種參數：物體的溫度。

24 Marcus Chown, *Afterglow of Creation*, Faber & Faber, London, 2010.

時間之箭

我們宇宙的奧祕之一就是：為何時間總是往它的方向流逝？為何人們會變老、蛋會破掉，以及城堡會倒塌，但我們從未見到人們變年輕、蛋從破碎中復原，還有城堡回復原貌？要知道答案，必須先回到大霹靂的時代。

前述所有事物的改變，都與事物從有秩序轉換到無秩序有關。然而，能讓蛋破碎（無秩序）的情況有許多種，卻只有一種情況能讓蛋完整無瑕（有秩序）。而且因為所有事件發生的機率都差不多，於是完整無瑕的蛋變成破碎雞蛋就是最可能發生的情況了。這就是「熱力學第二定律」，也就是說「熵」（entropy；微觀下的無秩序情況）只會增加。破碎雞蛋復原成完整無瑕的情況不是不可能發生，只是發生的機率微乎其微。

但若時間流逝的方向與宇宙變得無秩序有關，這意味著宇宙在過去，也就是大霹靂時代，必定非常有秩序。這為物理學家帶來一個問題，因為有秩序的狀態是一種不太可能存在的狀態。而就如紐約克拉克森大學（Clarkson University）拉里‧舒爾曼（Larry Schulman）所言，這正是重力出場救援之處了。[25]

宇宙一開始是團火球，其中的物質均勻分布。這是個無秩序的狀態。但從宇宙誕生起大約38萬年後，火球冷卻到足以讓電子與核結合形成第一批原子。這時自由電子會與光子產生強烈的相互作用，但原子內的電子則不會 —— 每個電子大約會對

上100億個光子。因此在原子形成之前，物質會被光子弄得分崩離析，導至重力無法將其聚集成團。後來，宇宙中的重力就好像突然被「啟動」般，就能夠作用了。那些團狀的物質不斷增大，最後就成了我們今日所見的星系團了。

對於受到重力的物質而言，最可能存在的狀態就是聚集成像星系及恆星這類物體。但如同前述所指，在宇宙誕生的38萬年後，宇宙的物質是處在幾乎不太可能存在的均勻分布狀態中。但重力的開啟立即將宇宙轉變成不太可能存在的特殊狀態，那完全就是時間之箭往它的方向流逝所需的狀態轉變。

這個解釋值得注意的地方在於，宇宙在38萬年的不久之前與不久之後，也就是在「最後散射時期」的不久之前與不久之後，看起來差不多都一樣。這一切都是因為重力從無所作為變成了無所不能。但從重力的觀點來看，宇宙從可能存在的狀態變成了不太可能存在的狀態。英國物理學家潘洛斯也提出與舒爾曼類似的論點。

彭齊亞斯與威爾森發現了大霹靂火球餘輝，這造成了問題 —— 一大堆問題。如果宇宙是從大霹靂中誕生：那大霹靂又是什麼？什麼造成大霹靂發生？大霹靂之前又發生過什麼事？沒有人想面對這類問題，這也是為什麼包括彭齊亞斯與威爾森

---

25 L. S. Schulman, 'Source of the observed thermodynamic arrow', *Journal of Physics: Conference Series*, vol. 174, 2008, pp. 12,022.

在內的多數天文學家，都認同「穩定狀態」（Steady State）這種永恆的宇宙學說。

但廣義相對論的核心處有個困境。如果想像宇宙膨脹如伽莫夫所描述的那樣倒轉，它的密度會更高，溫度也會更熱，時空也會變得更加彎曲。事實上，每件事都會突增至無限大。於是，出現了另一個在時間而不是空間中的奇異點，就像黑洞中的奇異點一樣，是個荒謬的奇異點。

所以在愛因斯坦理論中，崩壞的地方不只一處而是有兩處。廣義相對論並非完美無缺的天衣，不過是件蟲蛀的斗篷罷了。

但愛因斯坦的理論並未因此就毫無希望。[26]奇異點並非無可避免。還有一條路可走。

奇異點定理

相對論將瀕死恆星變成棉花糖之際，那顆棉花糖不太可能是完全光滑的，一定是這裡會凸一塊，那裡會凸一塊。而且當重力將恆星擠壓得更小，這種不平坦的狀態會被放大。換句話說，恆星不會完美對稱地縮小。這代表塌陷中恆星的不同部位，最後可能不會全部堆疊在一個不可能存在的高密度點。它們可能會彼此錯過，所以不會出現奇異點。若是如此，愛因斯坦的理論將可安然過關。

在黑洞中真實存在的情況，在大霹靂中也可能為真。如果宇宙的物質分布得不均勻，當倒轉宇宙縮得更小，不平坦的部分就會被放大。塌陷宇宙的不同部位就不會全部堆疊在一點，而是會彼此錯過，因而不會產生災難性的奇異點。既然愛因斯坦的重力論並未崩壞，我們就可以運用重力論來追溯大霹靂之前的早期宇宙歷史。舉例來說，宇宙也許縮小到重要的關鍵時刻，然後反彈產生大霹靂。

英國理論學家霍金與潘洛斯接著加入戰局。1965年到1970年之間，兩人以「大霹靂與黑洞中的奇異點是否可以避免」為研究主軸。兩人證明了一系列強大的「奇異點定理」。其中最重要的是，在一般且極合理的廣泛狀態下，大霹靂與黑洞中的奇異點是無可避免的。無論宇宙是如何同電影般倒帶，無論恆星是如何縮小變成黑洞，奇異點都會形成。

不願意面對的真相還是得要面對。愛因斯坦重力論一直都帶有摧毀自身的種子。雖然它正確預測了光的彎曲、水星近日點的進動、強大重力造成時間變慢，但它也預測出荒謬的奇異點。愛因斯坦重力論在黑洞核心處與時間起點處崩壞了。「如

---

26 愛因斯坦本身從不相信黑洞存在。事實上，他在1939年10月所發表的論文中（錯誤地）表示，為了讓一大群恆星形成一個黑洞，這群恆星就必須以快過光速的速度彼此繞行，這就與狹義相對論相悖了。See Albert Einstein, 'On a Stationary System With Spherical Symmetry Consisting of Many Gravitating Masses', *Annals of Mathematics*, Second Series, vol. 40, No. 4, 1939, p. 922 (http://www.jstor.org/stable/1968902).

Part 3
超越愛因斯坦

CH 8　時空中的量子
量子論如何暗示時空的說法注定式微，
時空必定源自於某種更為基礎的東西

> 我們在星期一、三、五上波動理論課，在星期二、四、六上粒子理論課。——威廉·布拉格（William Bragg）[1]
>
> 你的理論很瘋狂，但是否瘋狂到足以成真？——波耳[2]

　　量子論非常成功，它帶給我們雷射、電腦與核子反應爐，解釋了我們腳下的地面為何會堅硬、太陽為何會發光。但量子論除了是了解事物與建立事物的指南，也提供了一扇違反直覺的獨特窗口。窗口所見的，是個在現實表層之下如愛麗絲夢遊仙境般的世界。那是個單一原子可以同時處於兩地的世界，等於你可以同時身在紐約與倫敦；也是個無需特別理由，事情就會發生的世界；還是個兩原子即便分處在宇宙兩端也能立即相互影響的世界。

1　William Bragg ,'Electrons and Ether Waves (The Robert Boyle Lecture 1921)' *Scientific Monthly*, vol. 14, 1922, p. 158.

2　這是波耳在針對海森堡與包利的基本粒子非線性場理論進行演說後，對包利所說的話（Columbia University, 1958），如弗里曼·戴森的論文所提（Freeman Dyson, 'Innovation in Physics', *Scientific American*, vol. 199, No. 3, September 1958, p. 74）。

　　馬克斯威爾的電磁理論以一個優雅且天衣無縫的架構描述了所有電磁現象，並引發科學家對量子論的需求。但這套理論卻不只有1個矛盾之處，而是有2個，兩者都與光有關。第一個矛盾在於：光在真空中怎麼可能會有與任何觀察者速度無關且獨一無二的速度；為了解決這個矛盾，引發了20世紀物理學的偉大革命：愛因斯坦的狹義相對論。而為了解決第二個矛盾，也引發了另一場偉大革命：量子論。

　　第二個矛盾起因於馬克斯威爾理論容允任何尺寸的電磁波存在。因為這樣，除了具有小於千分之一毫米「波長」的可見光外，可能還存在著像無線電波這類波長較長的電磁波，以及像X光這類波長較短的電磁波；無線電波已於1888年由赫茲發現，而X光則於1895年由威廉・倫琴（Wilhelm Röntgen）發現。波的大小與其所帶有的能量具相關性：緩慢的無線電波所帶的能量，遠小於可見光波的能量，而可見光波的能量又遠小於快速震動的X光。

　　在熾熱的原子氣體中，光波會被反覆地散射與吸收，若時間充裕，所有可能存在的光波都會現形。處在這樣的「熱平衡」狀態，所有光波會平均共享能量。但這裡出現了一個問題：雖然光波的最長波長會因空腔（container）的大小而有所限制，但最短波長卻沒有相對應的限制。這表示，無論我們選定什麼樣的波長，比此波長還要長的波，其數量必定有限，但比此波長短的波，其數量卻是無限，這就是關鍵了。

　　如同之前所提，所有波動必定會平均共享能量。既然短波的數量明顯大於長波，就代表短波總會帶有大部分的能量。因此，熾熱氣體中的所有能量，最終必然都會由能量最高的X光所擁有。1895年發現X光之前，所知的最高能量光波為紫外線，這也是為什麼前述後果被稱為「紫外災變」（ultraviolet catastrophe）。[3]

　　太陽的情況就是這個矛盾的極致表現。依據馬克斯威爾理論預測，太陽應該會在瞬間以強大猛烈的X光放射出它所有的熱。那太陽何以現在仍在發亮呢？德國數學家哥特佛萊德·萊布尼茲（Gottfried Leibniz）曾經寫道：「沒有任何矛盾是毫無用處的。」1900年，德國物理學家普朗克找到了革命性的解答，也證實了萊布尼茲這句話是對的。

量子

　　電在19世紀末的「殺手級應用」就是燈泡。因此，兼顧技術與經濟重要性的關鍵問題就是：如何能讓燈泡內的發熱燈絲放出最強的可見光？當光的最佳理論所預測出的結果是，發熱

3　「伽馬射線」（Gamma rays）甚至具有比X光更多的能量。此射線由法國化學家兼物理學家保羅·維拉德（Paul Villard）於1900年發現，由紐西蘭物理學家恩尼斯特·拉塞福（Ernest Rutherford）於1903年命名。伽馬射線來自擁有巨大能量的原子核內部。

燈絲就如同太陽的熱氣一樣，會在瞬間以猛烈的 X 光放射出所有的光，那麼要解決上述問題的機率顯然微乎其微了。

這裡需要一個能夠控制光的方法，避免產生紫外災變這樣的荒謬情況。普朗克在耗費心神並絞盡腦汁後，終於發現了一個方法。

根據馬克斯威爾的理論，像電子這樣的震動電荷在其震動「頻率」上會放射出光波。事實上，此理論指出，加速電荷會散播電磁輻射，而震動電荷不過就是反覆加速的加速電荷而已。因此，普朗克想像有個空腔的壁面是由附在彈簧上的電子所構成。當然，今日我們知道普朗克的震動電子是存在原子之中，但在 19 世紀末，許多物理學家對原子的存在仍然存疑。普朗克想像電子附著在彈簧上的構思，無論如何已經夠好了。

如果空腔被加熱，熱能會讓彈簧震動，震動的彈簧會產生與本身頻率完全相同的震動光波。這些光波越過空腔，被其他震動的彈簧所吸收，這些彈簧接續又會產生與自身頻率相同的震動光波。於是，在無止境的交互作用下，所有彈簧與所有光波都平等共享所有熱能。在這樣的狀態中，頻率最高的光波會獲得大多數的能量，因為它們最為普遍。

普朗克明白，如果震動的彈簧無法任意釋放或吸收任何數量的能量，而被限制在只能於某基本數量的倍數時釋放或吸收能量，就可以控制這個災變。他認為這個數量為 h 乘上震動彈簧的頻率 f，這裡的 h 是非常小的數值，而頻率的定義則是每秒

震動的次數。

　　想想看這是多麼荒謬的事情。就好像跳高選手只能跳過某個高度的倍數，換句話說，若是基本高度為0.5公尺，他們就只能跳過0.5公尺、1.0公尺，或1.5公尺的高度，且無論在什麼情況下都無法跳過0.75公尺、1.2公尺，或1.81公尺這樣的高度。

　　並沒有任何看似合理的理由可以解釋，普朗克的原子彈簧為何只能在hf的倍數下釋放能量。他的構想極為瘋狂，而會有此構想的原因也只有一個，因為「它有用」。它可以正確預測出熾熱原子氣體的光量（或說光度）隨著頻率（或說相同能量）變化的方式。

　　根據普朗克的理論，震動的彈簧無法單純吸收光波，然後在能量高一點時釋放出來。它只能在下一個允容的最高能量點釋放出光波。這是種全有全無的情況。如果震動的彈簧沒有足夠的能量形成光波，光波就不會形成。

　　因此，能量在光波之間進行分配時，最重要的一點是高頻光波無法取得能量的最大配額，或甚至獲取不到任何能量。這單純就只是它們太過耗能了。運用此種方式來控制高能量光波，就不會產生紫外災變。

　　牛頓定律沒有限制物體的速度，因而產生以光速行進會看見不可能之事的矛盾。而馬克斯威爾理論沒有限制光的最小波長，則導致紫外災變的矛盾。正如愛因斯坦理論因限制了光速而控制了原先無限大的情況，普朗克的量子也控制了原先無限

這個真相都盯著你的臉瞧。愛因斯坦非常厭惡這個想法，所以他有句名言：「上帝不會跟宇宙擲骰子。」但量子論先驅波耳反駁：「別再告訴上帝要不要骰子了。」

　　愛因斯坦不只錯了，還錯得離譜。除了上帝會擲骰子外，倘若祂真的不擲骰子，宇宙可能就不會存在了，或至少我們存在所需的複雜宇宙就不會存在。[6]

波粒二象性

　　無論光是種波動或光是一串粒子，都可以讓我們了解窗戶上出現臉龐倒影的這件事。事實上，「波粒」二象性是原子與其結構之微觀世界的重要特性。[7]

　　區域性的粒子與會擴散的波動，顯然在根本上不相容。的確，1920年代接收了普朗克與愛因斯坦想法且認同他們的物理學家，就是抱持這樣的觀點。「我記得我們討論了數小時直到深夜，最後幾乎陷入絕望之中，」德國物理學家海森堡寫道，「討論結束後，我獨自一人到鄰近公園走走，反覆問自己這個問題：大自然真的像我們在原子實驗中所看到的那麼荒謬嗎？」[8]

　　答案是肯定的。原子與其結構的微觀世界，跟我們的日常世界截然不同（既然微觀世界只有日常世界的十億分之一大，也許我們就不該有相同的預期）。光子與微觀世界中的同伴既不是粒子也不是波動，而是我們無法以言語形容的東西，我們

也無法在周遭的日常世界中找到可以比擬的東西。那就像是無法看見之物的陰影般，我們只能看到像粒子的陰影與像波動的陰影，卻看不到物體本身。「我們已經可以發展出一套似乎完全能夠適當論述原子過程的數學系統（量子論），」海森堡說，「但要想像出光子的樣貌，我們必須先能夠接受波動與粒子這兩種形象的不完整比喻。」

　　是的，所以宇宙的基本結構元件是以粒子及波動的方式運作。但波動顯然很奇怪。這樣的波動是數學上的「機率波」，也就是裡頭有機會發現粒子出現在任何地方，或是粒子正在運作的波動。機率波在空間中散播，碰到障礙物時回彈，並受到自身的「干涉」[9]。波動傳播的方式可用「薛丁格方程式」來描述，這是奧地利物理學家埃爾溫·薛丁格（Erwin Schrödinger）

6　根據「膨脹」這個宇宙學標準藍圖，宇宙一開始極其微小，幾乎不帶任何資訊。相較之下，今日宇宙則帶有極為巨量的資訊，只要想想要描述宇宙中所有原子的類型及位置需要多少資訊就知道了。量子論解釋了所有資訊從何處而來的謎團，因為隨機就等同於資訊。像放射性原子衰變這類從大霹靂之後的隨機原子事件，為宇宙注入了資訊／複雜性。愛因斯坦說「上帝不跟宇宙擲骰子」時，簡直就錯得離譜了。如果上帝不擲骰子，宇宙就不會存在，也就是那個會有趣事發生的宇宙必不存在。See the chapter 'Random Reality' in Marcus Chown, *The Never-Ending Days of Being Dead*, Faber & Faber, London, 2007.

7　請見第七章。

8　Werner Heisenberg, *Physics and Philosophy*, Penguin Classics, London, 2000.

9　干涉是波具有的明確特徵之一。若兩個波重疊時，是兩波峰處相疊合，彼此就會增大或「相長干涉」（constructively interfere）；若是一波的波峰與另一波的波谷相疊合，就會彼此抵銷或「相消干涉」（destructively interfere）。這就是楊格於1801年所證實的光作用（請見第五章）。

情況也可能存在。然而，對應到同個氧原子的2量子波疊加情況，是同步出現在房間的左側及右側，也就是同時出現在2個地方。

但沒有人曾同時在兩地觀察到同一個氧原子。[11]如果在房間左側發現氧原子，那麼代表在房間右側氧原子的波就立即「崩解」了。這就是薛丁格方程式所要表達的意思。在觀察之前存在著模糊不清的多種可能，然而從觀察的那一刻起，只有1種可能確實存在，因此可以百分之百確定粒子存在某一定點。薛丁格方程式的成功之處在於，它讓看似不一致的情況具有一致性，將大自然波動性與粒子性的兩種樣貌在一個數學形式中呈現。[12]

但如果沒有人曾觀察到氧原子同時出現在兩地，或是任何諸如此類的情況，那麼為何還要關心量子波疊加的現象？答案是，這種現象產生了造成所有種類量子變得怪異的影響。

這裡有個簡單的例子。2個一模一樣的保齡球碰撞後彈開。它們從碰撞點往相反的方向向外飛出。假設它們一次又一次地碰撞，而你也看到它們向外飛出的方向。它們先往2點鐘及8點鐘的方向飛出，接著往4點鐘及10點鐘的方向飛出，如此這般一次又一次往不同方向飛出。在歷經上百次的碰撞飛出後，保齡球明顯飛往鐘面上每個可能方向的每一點。

再來想像有2個電子或2個氧原子之類一模一樣的量子在碰撞後彈開。歷經上百次的碰撞後，量子顯然就是不會往某些方

　　向飛去，比如說，3點鐘及9點鐘方向、5點鐘及11點鐘方向。為什麼會這樣？因為在這些方向上，某一量子之機率波的波峰恰巧與另一量子之機率波的波谷重疊，因此它們會相互抵銷，或說相消干涉，造成在這些方向上發現量子的機率為0。

　　關鍵在於「干涉」讓疊加的2量子波在量子被觀察到之前就先相互作用了。這會產生意外的結果，比如說，碰撞後的量子彼此永遠不會散射到某些特定方向上。

　　這也解釋了為何在原子中運轉的電子，並不會像馬克斯威

11　大部分的物理學家相信量子系統是個孤立的系統，也相信量子系統會因為「量子退相干」（decoherence）的過程而停止以量子的方式作用。我們所需了解的關鍵就是，我們從未實際直接觀察到量子的作用。舉例來說，人類肉眼偵測到光子時，那是光子在數百個原子上所留下的印象，這就是大腦所觀察到的（所以從某種意義來說，我們只觀察得到自己！）。這是因為要讓數百個原子保持在疊加狀態極為困難，所以波會停止重疊，也就是產生退相干，造成量子性（quantumness）喪失。反過來說，若是可以讓那些原子都維持在疊加狀態，原則上量子性就能以任意大小表現出來。物理學家目前正嘗試這樣做。他們想在「量子電腦」中開發量子系統的能力，以求能同時多工運作來同時進行許多運算。不過，羅傑・潘洛斯認為量子性無法以任意大小表現出來，更何況從量子物理轉變為古典物理的過程中還存在著質量門檻。所以也許必須靠實驗才能解決誰是正確的這個問題了！請見 Marcus Chown, *Quantum Theory Cannot Hurt You*, Faber & Faber, London, 2006.

12　量子世界中的事物存在於不確定的機率中，而日常世界的事物則是確實存在，要整合這兩個世界使其具有一致性則是個根本且神祕的問題。目前至少有13種量子論的「解釋」試圖解答這個問題，所有的解釋都對每個已知實驗預測出同樣的結果。其中最振奮人心的也許是1957年由休・艾弗雷特三世（Hugh Everett III）所提出的解釋。根據他的「多世界」解釋，疊加狀態中的個別波其實描述著現實世界的不同部分，因此，在處於兩波疊加的氧原子案例中，一個波描述氧原子在房間的左側，另一個波描述氧原子在房間的右側，所以氧原子確實同時出現在2個地方。一個氧原子存在於某個平行現實世界中，而另一個氧原子則存在於另一個平行現實世界中。

爾理論所說的那樣,掉入原子核中。電子要進入原子核的路徑可以有好幾種。它可以旋入、直線進入,也可以走波浪路徑等等,會採用什麼路徑與量子波有關。但結果顯示,接近原子核時,所有的量子波會相消干涉,彼此抵銷,所以在原子核發現電子的機率為0。

這凸顯了量子物理學與前量子物理學在根本上的差異。在「古典」物理學中,像月球這樣的物體會在獨一無二且定義明確的軌道上運行。而在量子論中,定義明確的軌道這類事物並不存在。在觀察與觀察之間,電子可以被想作以各種軌道運行,每一種軌道都與電子有某種機率相關性。

不過,倘若像疊加這類的量子特性還不夠奇怪的話,它們還可以結合創造出更奇怪的量子現象。舉例來說,像「無區域性」或「鬼魅般的超距作用」等現象就讓愛因斯坦覺得太過瘋狂,所以他認為這證明了量子論不是大自然的最終定理,只不過是接近更深層的理論而已。要領會量子論,就必須先了解「自旋」。

快過光速的影響

自旋是量子的另一種特性,跟量子的波粒二象性與不可預測性一樣,在日常世界中也找不到可以比擬的東西。我們先想想溜冰者在冰上旋轉的情況。溜冰者會帶有所謂的「角動

空間與時間的瓦解

　　海森堡不確定性原理對真空具有深遠影響，它代表著越
小的真空區域，其所帶有的能量就會具有越大的不確定性。能
量出現又消失，就像在失主沒注意到錢不見的情況下，從他
的錢包中偷了錢又放回去一樣。這樣的「量子擾動」（quantum
fluctuations）顯示了像電子與質子這樣的粒子－反粒子配對，
其本身會像魔術般無中生有。但它們的存在極為短暫，在出現
的那一瞬間就消失了，稱它們為實際存在的粒子其實是種延伸
的說法。話雖如此，這類「虛擬」粒子對原子會產生實質作
用，讓原子外層的電子震動，造成那些電子在軌道之間跳躍時
所產生的光能有細微變化。美國物理學家威利斯・蘭姆（Willis
Lamb）因為量測了氫原子光的「蘭姆位移」（Lamb shift），而

14　請見第八章。

15　海森堡本身對於不確定性原理有另一個解釋，他宣稱可以用來「看見」物
　　體的任何波動本質，反而會造成無法確切知道物體的所在位置。這也是無
　　數大學物理系學生所學到的內容。但海森堡錯了。不確定性原理跟測量一
　　點關係都沒有，不確定性是超微觀世界內建的特性。請見 Geoff Brumfiel,
　　'Quantum uncertainty not all in the measurement: A common interpretation of
　　Heisenberg's uncertainty principle is proven false', *Nature*, 11 September 2012.

16　想一想由經過的光所形成的波包就可以知道。因為位置(dx)的不確定性，
　　造成其經過的確切時間(dt)也不確定，這裡的(dt)等同於dx/c，其中c為
　　光速。因為動量(dp)的不確定性，所以其能量(dE)也不確定，(dE)即為
　　dp×c。因為dp×dx>h/2π，所以dE×dt>h/2π。在這個例子中，波（正
　　好）以光速行進。但以更一般的波包來代表量子，所得出的結果也一
　　樣——雖然要實際驗證會相當複雜。

獲得1955年的諾貝爾物理學獎。

因為量子擾動，真空實際上充滿了能量。在微觀中的量子擾動已經大到其能量足以嚴重扭曲時空。[17]

可以把真空想像成暴風雨中的海洋。從飛翔在高空中的海鷗視角來看，海洋看起來十分平靜。這就是時空在宏觀之中看起來的樣子。但從低空飛過的海鷗視角來看，海上的驚濤駭浪明顯可見。時空在微觀中也會以類似的情況開始震盪。最後，以拖網漁船甲板上的海鷗視角來看，大浪會猛烈地打在船頭，造成滿目瘡痍及無數泡沫。而這一切的泡沫與混亂，據信就是時空在極盡超微觀中的模樣。

惠勒將這種瘡痍的時空稱為「量子泡沫」（quantum foam）。但在這裡要強調一點，我們目前還沒有任何可以觀察得到的證據顯示量子泡沫確實存在。「類星體」（quasar）與「伽瑪射線爆」（gamma ray burster）之類的遠處宇宙事件，其所產生的光線需經過數十億年的旅程才會傳送到地球，雖然量子泡沫本質上對前述光線應該會造成影響，但還沒有人曾經偵測到它的影響。[18]

大部分的物理學家都認同惠勒的觀點，時空不存在於微觀之中。「時空注定式微，這幾乎是大家都同意的事，」紐澤西普林斯頓高等研究院（Institute for Advanced Study）的尼馬・阿爾卡尼―哈米德（Nima Arkani-Hamed）說，「時空必定會被更基本的結構元件所取代。問題是那確切是什麼？」

　　阿爾卡尼─哈米德被公認是世界上最具獨創性與天分的
理論物理學家之一。身穿猶如註冊商標的黑色T恤、短褲、涼
鞋，並留著豐沛長髮的阿爾卡尼─哈米德，在黑板上潦草寫下
方程式，並揮動手臂大力強調的身影格外引人注目。他絕對捨
得花時間跟任何人暢談物理。事實上，他表示自己從未拒絕任
何想跟他學習的研究生。[19]

---

17 量子真空是2件事情所造成的必然後果，第一件是力場的存在。如同所指
　　出的那樣，物理學家將基本現實世界視作是由大量的這類力場所組成。在
　　他們的想像中，也就是所謂的「量子場論」（quantum field theory）中，基
　　本粒子不過是在基本場中的區域性突起或結節。在所有場中，我們最了
　　解、也對日常世界影響最深的是電磁場，因為電磁場將我們身體中的原子
　　黏合在一起，更不用說其他所有的正常物質也都是靠電磁場來黏合。電磁
　　場可以產生無數種不同的震動，每個震動「模式」都對應到不同波長的波
　　動。想想海上的波浪從驚濤駭浪到微小漣漪都有就可以知道。因此，我們
　　天真地認為，真空無論如何都不會帶有電磁波。這是真的，但海森堡不確
　　定性原理所提的微小物質卻是例外。根據不確定原理，電磁場中每個可能
　　出現的震動必定至少會帶有微量能量。這個看似沒什麼大不了的規則會對
　　真空產生戲劇性且重大的影響，因為其代表電磁場可能產生的無數震動模
　　式，必定會因不確定原理所規定的微小能量而跳動。換句話說，每一個模
　　式不只有可能存在，而是必然會存在。所以「量子真空」一點也不空，還
　　帶有超凡的能量密度，比原子核中所帶有的能量都還要大上許多。而我們
　　之所以不會注意到這點的原因，跟我們不會注意到空氣的原因一樣：因為
　　它到處都一樣。

18 Vlasios Vasileiou et al, 'A Planck-scale limit on space-time fuzziness and
　　stochastic Lorentz invariance violation', *Nature Physics*, vol. 11, 2015, p.
　　344 (http://www.nature.com/nphys/journal/v11/n4/full/nphys3270.html); Eric
　　Perlman et al, 'New constraints on quantum gravity from x-Ray and gamma-ray
　　observations', *Astrophysical Journal*, vol. 805, No. 1, 20 May 2015, p. 10 (http://
　　arxiv.org/pdf/1411.7262v5.pdf).

19 Natalie Wolchover, 'Visions of Future Physics', *Quanta Magazine*, 22 September
　　2015 (https://www.quantamagazine.org/20150922-nima-arkani-hamed-collider-
　　physics/).

阿爾卡尼—哈米德今日能站在21世紀物理學的核心算是個奇蹟。1982年，年僅10歲的他差點因發燒而喪命，當時他的家人為了逃離伊朗領袖何梅尼（Khomeini）的統治，行走在伊朗與土耳其邊境的山中。母親的馬載著他在暗夜裡行走，她為了讓他保持清醒，就指著天上發光的銀河給他看，並承諾在全家安全無虞時給他一架望遠鏡。他在加拿大多倫多適時取得望遠鏡，也讓他一路念完加州柏克萊大學以及哈佛大學，最後來到普林斯頓高等研究院；高等研究院因為愛因斯坦與邏輯學家科特・哥德爾（Kurt Gödel）在此度過晚年而聞名於世。

阿爾卡尼—哈米德以他看似無限的能量與熱情，說服中國人建造比大型強子對撞機還要高級的粒子加速器。比起歐洲的大型強子對撞機，這台粒子加速器可以探測10倍小的微觀自然界，也擁有10倍大的能量。如果一切順利，這台「巨型對撞機」將於2042年開始運作。阿爾卡尼—哈米德的理論核心旨在發現比愛因斯坦重力論更深層的理論，因為愛因斯坦的重力論認定重力不過是時空的彎曲，所以「探索了解重力」就要轉變成「探索了解時空起源」了。

有一個不可能的極小長度規模對物理學家而言極其重要。在 1.6×10^{-35} 公尺的長度下（那是原子的百億億億分之一），重力會變得能與自然界的其他3種基本力量匹敵。此3種基本力量就是：電磁力、強核力與弱核力。雖然不是為了現在所說的這些理由，但普朗克在1900年就確認了「普朗克長度」（Planck length）。他只是單純認為這個基本長度規模,「在所有時間與文化中都保有重要性,即使是非人類的外星物種也一樣」。[20]

　　量子論成功描述了非重力的力量,這代表要以量子來描述重力,也許必須得先了解在普朗克尺度（Planck scale）或接近普朗克尺度時會發生什麼情況。在量子的藍圖中,基本力量是載力粒子所產生的結果,這些粒子會像被選手打過來、打過去的網球那般互相交換。載有電磁力的粒子是光子;載有弱核力的粒子是3種「向量玻色子」（vector bosons）;而載有強核力的是8種「膠子」（gluons）。因為這些載力粒子是「虛擬的」（從真空中變出又消失）,所以它們所帶有的質能越多,存在時間就越短,存在時所能行進的距離也就更短了。這表示載力粒子的質量越大,其力量能傳遞的距離就越短。舉例來說,自旋原子核中的0質量光子所帶有的電磁力能在無限的範圍中作用,相較之下,質量大的向量玻色子所帶的弱核力能運作的範圍就小得多了。

　　因此,若量子可以用來描述重力,那應該就會有攜帶重力的載力子（force-carrier）存在。理論學家將這種假設性的粒子命名為「重力子」（graviton）。重力子目前還有許多理論上的問題,這種粒子實際上可能並不存在。舉例來說,力量的強

20　Max Planck, 'Über irreversible Strahlungsvorgänge', *Annalen der Physik*, vol. 4(1), 1900, p. 122.

度等同於載力子與可以「感受到」力量的粒子間之相互作用頻率。但相較於其他力量,重力非常微弱(氫原子核中之質子與電子間的重力,是電磁力的一億億億億億分之一),這代表重力難以與物質相互作用。事實上,具有木星質量的偵測器需要等待超過宇宙年紀的時間,其龐大軀體才有辦法阻擋1個重力子。[21]

　　儘管重力子有問題,但要整合愛因斯坦的重力論與量子論本來就非常困難,因為這2個理論在根本上就不相容。就一方面來說,廣義相對論是一種確定性的理論,能夠對未來進行百分之百確定的預測;而另一方面,量子論卻是種不確定性的理論,只能預測數種可能未來的機率。「雖然如此,但物理學家已經成功以量子論來描述自然界的其他基本力量,」劍橋大學大衛‧唐(David Tong)說。

　　但是量子論甚至否定了空間中精確位置以及物體在空間中精確移動軌跡的存在,而這些卻是愛因斯坦相對論的絕對基石。量子論在極微觀的世界中將宇宙視作不連續且具有顆粒性,廣義相對論卻將宇宙視為平滑且連續的。如果這一切情況還不足以成為整合廣義相對論與量子論的阻礙,那麼「自然界的非重力在時空中作用,然而重力卻就是時空」這檔事必定就會了。「這個差異也許不明顯,」唐說,「但重力感覺起來就是不一樣。」

　　普朗克尺度之所以重要,不只是因為重力的強度在此尺

度上能與其他力量匹敵，也因為重力顯然需要量子性的描述。在普朗克尺度上，量子論預測量子擾動會非常巨大且具有區域性，以致當能量突然現身，它會存在於自己的事件視界中。這意味著它會立即縮小形成黑洞。這種說法顯然極為荒謬。若這樣的情況真的發生，不只普朗克尺度的時空會永遠被隱藏封印在黑洞中，這種微型黑洞也會持續在我們周遭的空氣中產生。

　　看來在微觀中會預測出荒謬事物的，不只有廣義相對論。廣義相對論預測出荒謬的「奇異點」，而量子論也預測出荒謬的「黑洞自發產生」。唯一的不同在於，雖然都已經極其微小了，但普朗克尺度遠比奇異點的無限小零尺度都還要小得多。看來，想要找到可以整合廣義相對論與量子論的更深層理論，不只愛因斯坦的重力論需要進行根本性的修正，量子論也同樣需要進行根本性的修正了。

縱然無法實驗，指南仍然存在

　　要找出「量子重力論」（a quantum theory of gravity）這個更深層的理論，就必須去探測極微觀的尺度，因為愛因斯坦的理論在那個尺度崩壞了，時間與空間在那個尺度也變成了毫無

21　Tony Rothman and Stephen Boughn, 'Can gravitons be detected?', 2008 (http://arxiv.org/pdf/gr-qc/0601043.pdf).

意義的概念。「最終決定一切的是實驗，」阿爾卡尼—哈米德說，「而實驗需要探測普朗克尺度。」

但在普朗克尺度中，極微小的長度就等同於極巨大的能量。講清楚點就是，在瑞士日內瓦附近的大型強子對撞機最高可達到 1 萬 GeV 的震動能量，[22] 而普朗克能量則為 1,000 億億 GeV，是大型強子對撞機最高能量的 1,000 萬億倍。重點來了，要以現今科技達到這樣高的能量，需要一個直徑為銀河系 1/10 大的加速器環型軌道。也許在宇宙中的某個地方，有外星文明可以將他們母星系的 1/10 轉變成超巨型強子對撞機。但這似乎不太可能。

事實上，要直接探測普朗克尺度物理學的機會似乎微乎其微。但因為整個宇宙曾經存在於普朗克長度這麼小的範圍，所以這個極微觀的物理學總是有機會在宏觀宇宙中留下不可磨滅的痕跡，也許就在星系的分布之中。「我們必須尋找能讓我們達到普朗克尺度的宇宙學量測方式，」阿爾卡尼—哈米德說。

當宇宙非常微小，時空的劇烈起伏也可能會造成強大的重力波。如果天文學家夠聰明，他們也許能夠看見宇宙背景輻射光的痕跡，也就是至今仍在我們周遭的大霹靂火球「餘輝」。事實上，2014 年 3 月，名為 BICEP2 的南極實驗宣稱已經看到這樣一個宇宙印記。不幸的是，事實證明那不過是覆蓋我們銀河系的一片塵埃而已。[23]

大自然顯然把比愛因斯坦理論更深層理論的線索，置於超

出我們理解能力外的範疇，我們將需要極至的聰明才智，才能
瞥見一絲一毫的線索。但一切都不會迷失，因為「相對論與量
子論的雙重原則」就是最強力的指南。

22　1電子伏特（eV）是1電子經1伏特加速後所獲得的能量。10億電子伏特
　　（GeV）是1電子伏特的10億倍。

23　Tushna Commissariat, 'BICEP2 gravitational wave result bites the dust thanks to
　　new Planck data', *Physics Word*, 22 September 2014 (http://physicsworld.com/
　　cws/article/news/2014/sep/22/bicep2-gravitational-wave-result-bites-the-dust-
　　thanks-to-new-planck-data).

CH 9　尚未發現的國度

找出比愛因斯坦重力論更深層理論的奮鬥過程，
將會告訴我們：宇宙為何存在、從何而來？

> 由於電子在原子內運動時，原子不只必須放射出電磁能，還需要放出重力能，若釋出的能量只有一點點就還好。但正因這在大自然難以成立，所以也代表量子論不只需要修改馬克斯威爾的電磁學，也必須修改新的重力論。——愛因斯坦[1]

> 有個理論指出，若是有人發現宇宙為何存在、因何存在，宇宙立即就會消失，還會被一些更為荒謬費解的事物所取代。另一個理論則指出，這是已經發生的情況了。——道格拉斯・亞當斯[2]

　　你爬上了一座高山。在爬上山頂的過程中，你耗盡了每一分精力與技能，雖然你覺得筋疲力竭，但同時也感到心滿意足。當你停下來喘口氣，並仰望著連綿而立的下一座山峰時，不禁倒抽了一口氣。那座山峰不是你剛爬那座高山的2倍高或5

1　*Preussische Akademien der Wissenschaften, Sitzungsberichte*, Berlin, 1916, p. 688.

2　Douglas Adams, *The Restaurant at the End of the Universe*, Pan Books, 1980.

倍高，甚至也是不是幾十倍高。不會吧，它是令人不敢相信的千萬億倍高。

前述內容即是21世紀初期物理學家所面臨的處境。他們用盡了自己在科技上的所有知識與技能，建造出日內瓦附近的大型強子對撞機。這部機器讓他們獲得了著名的希格斯粒子，也就是希格斯場中的量子，那是賦與所有其他粒子質量的粒子。對於取得此項驚人的成功，他們也甚感欣慰。但他們現在面臨下一項重大挑戰：普朗克尺度；在普朗克尺度中，時間、空間與重力似乎是從更為基本的東西中所形成，而大自然也將宇宙起源的終極祕密隱藏在此尺度中。普朗克尺度的能量，是大型強子對撞機所達最高能量的千萬億倍之多，這種情況足以讓一位成熟的物理學家黯然啜泣。

普朗克尺度的極高能量根本無法達到，因而讓某些評論家沮喪地宣布物理學就此終結，或是宣稱基礎物理學已經變成了科幻之作。理論學家現在可以恣意發表他們所能幻想到的各種瘋狂理論，因為沒有可信的實驗能夠找出這些理論的錯誤，證明他們是錯的。

沒有事物可以偏離事實。「除非我們以實驗來證實，否則我們就無法認定一個理論為錯，這樣的想法是不對的，」阿爾卡尼—哈米德說。

在某種程度上，我們所知的2項物理原則有其正確性，在這個我們經由觀察及實驗來了解的世界中，這2項原則已經足

以對我們所見事物做出驚人的精準預測。第一項原則是狹義相
對論，另一項則是量子論。事實證明，物理學家並無法隨心所
欲地發明他們想要的古怪理論。事實遠非如此。他們的理論必
須與狹義相對論及量子論具有一致性。事實上，這種對實際情
況應用極為嚴苛的限制，造成物理學家所想到的絕大多數理論
馬上就被判出局了。「這就是發現一個更深層且更基礎的理論
是如此困難的原因，」阿爾卡尼—哈米德說。

「雖然有上千個理論齊放爭鳴，但它們仍然缺乏穩固的
物理基礎原則，」波士頓大學科學史學家根納季・格雷利克
（Gennady Gorelik）說，「過去在物理學上，從未有過這麼多人
投入如此長久的心力卻只有一丁點成效的情況。[3]」

「時空的幾何結構不只對重力定律與電磁力有影響，也對
量子定律有影響；這是物理學有史以來所面臨的最艱難任務，」
1930年代量子重力學領域的先驅馬克維・布隆斯坦（Matvei
Bronstein）這樣表示。[4]

為了凸顯狹義相對論與量子論對物理學所設下的限制有多

3　'Why is quantum gravity so hard? And why did Stalin execute the man who
　　pioneered the subject?', *Scientific American* guest blog, 14 July 2011 (http://
　　blogs.scientificamerican.com/guest-blog/why-is-quantum-gravity-so-hard-and-
　　why-did-stalin-execute-the-man-who-pioneered-the-subject/).

4　Matvei Bronstein, 'Vsemirnoe tyagotenie i elektrichestvo (novaya teoriya
　　Eynshteyna)' ['Universal gravity and electricity (new Einstein theory)'],
　　Chelovekipriroda, vol. 8, 1929, p. 20.

　　事實上，這3種「相互作用」被命名為電磁力、弱核力與強核力。強核力將3個夸克聚在一起形成質子與中子，並將它們限制在「核」中。但強核力無法駕馭電子，反而是電磁力能將電子限制在核的周遭以形成原子。

　　被關在房間中的物理學家不但推導出自然存在的92種原子（從最輕的氫到最重的鈾），也推導出讓人眼花繚亂的一系列化合物，這些化合物是從基本原子各式各樣可能的結構組合中所產生[7]。

　　對於1/2自旋與1自旋的粒子已經了解得夠多了，房間中的物理學家接下來則改為思考0自旋粒子。他馬上明白0自旋粒子是「場」中的「量子」，其可滲透到所有空間之中，並阻擋其他粒子通過。經由這樣的方式，0自旋粒子會具有慣性或質量。

　　事實上，這樣的粒子以希格斯粒子的假象存在於世。2012年7月，物理學家驕傲地宣布他們在大型強子對撞機中發現了希格斯粒子。

　　房間中的物理學家接下來思考2自旋粒子。他明白2自旋粒子具有能與其他每個粒子相互作用的特性，進而產生了一種「萬有力」。這需要一點計算，不過他可以顯示2自旋粒子存在的必然結果就是廣義相對論[8]。這表示在某種程度上，狹義相對論比廣義相對論更為基本。那麼狹義相對論（當然還要加上量子論）還會產其他什麼樣的結果呢？

　　房間中的物理學家研究廣義相對論後，明白了有種遵守平

方反比定律的長距離引力存在，這種引力會使得大型物體繞著其他大型物體運轉。我們當然知道行星會繞著恆星運轉，而星系也會繞著其他星系運轉。但被關在無窗戶房間中的物理學家對此一無所知。不過值得注意的是，他能夠推導出宏觀宇宙的存在。

然而截至目前為止，還沒有人發現2自旋粒子。而我們也有理由相信，若這種粒子確實存在，它必定非常難以偵測。然而，被假設帶有重力的粒子「重力子」卻符合2自旋粒子的情況。[9]物理學家已經有了重力論，在重力論中，重力是由重力子所傳導，而重力論也促成了廣義相對論的產生。因此在某種意義上，物理學家已經擁有量子重力論。

不幸的是，這種量子重力論是種低能量的宏觀量子重力論，不是能解釋超高能量且超微觀普朗克尺度的更深層理論。

接下來，物理學家繼續思考剩下的那個3/2自旋粒子。3/2

7　狹義相對論與量子論對粒子如何經由載力子相互作用的方式，也設下了嚴格限制。你可能會想像一個粒子可以同時與5個、12個，或任何數量的載力子相互作用。但事實上，它只能跟1個載力子相互作用。常用於描述這類事物的時空圖，就是所謂的費曼圖（Feynman diagram）。在費曼圖中，只有3個粒子在時空的點或「頂點」上相遇時，限制才會是一樣的。舉例來說，一個電子進入頂點、光子遇到它並被吸收時，電子就會（重新定位或「散射」）向外飛出。但只有在低能量且大範圍的正常世界中，狹義相對論與量子論才能簡化事物。而在高能量且小範圍的量子重力世界中，因具有充足能量，所以會產生更為複雜的相互作用。

8　Steven Weinberg, *The Quantum Theory of Fields*, Cambridge University Press, Cambridge, 2005.

9　請見第八章。

自旋粒子容許「超對稱性」（supersymmetry）的存在，在這樣的狀態中，所有半整數自旋粒子（費米子）不過就是整數自旋粒子（玻色子）的正面而已。

雖然目前為止，我們沒有任何實驗證據可以證明大自然運用了3/2自旋粒子。但有鑑於大自然在自身的範疇中已使用了所有其他粒子，所以我們強烈懷疑大自然也使用了3/2自旋粒子。舉例來說，一種稱為「超電子」（selectron）的粒子就被假設為電子的超對稱雙生粒子。這種已知粒子的超級夥伴，被認為是宇宙「暗物質」的最佳候選人；目前認為暗物質大約是可見恆星與星系的6倍重。[10]物理學家認為，我們之所以還未偵測到超對稱粒子，是因為它們的質量太過巨大，而且需要比目前大型強子對撞機震動能量還要大上許多的能量，才有辦法創造出超對稱粒子。

雖然房間中的物理學家現在已經思考過每種可能存在的自旋粒子，並推導出它們的作用，不過他還能從狹義相對論與量子論中再推導出一件事。這裡要注意的是，這兩項理論需要每個次原子粒子必須具有相反電荷，或具有相反自旋方向的夥伴。無論粒子是在真空量子擾動的什麼時候被創造出來，「反粒子」必定也會同時誕生。[11]舉例來說，帶有負電荷的電子，總是與帶有正電荷的「正子」一同憑空變出。

標準模型

　　於是，我們有了組成世界的完整項目：12種基本結構元件（6種夸克與6種輕子）、12種載力子（帶有電磁力的光子、3種帶有弱核力的「向量玻色子」與8種帶有強核力的「膠」子），再加上希格斯粒子，當然還有所有的反粒子。這一切構成了粒子物理學的「標準模型」，也是物理學家350年來辛苦累積下來的成果。若說「標準模型+廣義相對論=全世界」，那可是一點也不誇張。

　　這個標準模型最驚人的地方在於，在這麼少的元件以這麼少的方式相互作用下，竟然產生了我們周遭所見如此多的東西。正如同17世紀德國數學家萊布尼茲極具遠見的一番話所示：「上帝已選出了最完美的世界──那就是這個能以最簡單假設來解釋最豐富現象的世界。[12]」

　　值得注意的是，那個被關在無窗房間中的物理學家，只用了黑板及粉筆就可以推導出世界的主要特性。「物理學受到量子論與相對論的驚人限制，」阿爾卡尼－哈米德說，「這兩個

10　暗物質的最佳候選人是質量最低的超對稱粒子「中性微子」（neutralino）。中性微子事實上是由3個粒子疊加組成，它們分別是光微子（photino）、希格斯微子（Higgsino）與Z微子（Z-ino）。

11　世上最大的未解謎團之一就是：為何我們活在一個物質主宰的世界？物理學家所作的最佳猜測是：在大霹靂中，物理定律的某些不平衡之處傾向於創造物質或摧毀反物質。

12　Gottfried Leibniz, *Discourse de métaphysique*, 1686.

理論幾乎就成就了宇宙。」

　　只是「幾乎」而已，因為此雙重理論既無法決定基本粒子的質量，也無法決定夸克與輕子的總數。所有的一般物質都不過是由4種粒子所組成：上夸克、下夸克、電子與電子微中子（electron-neutrino）。舉例來說，原子核中的質子是由2個上夸克與1個下夸克所組成，而中子是由2個下夸克與1個上夸克所組成。但大自然不單單只是如此而已。它還創造了基本四粒子的重量版——奇夸克（strange quark）、魅夸克（charmed quark）、渺子（muon）與渺子微中子（muon-neutrino），以及更重量版——底夸克（bottom quark）與頂夸克（top quark）、陶子（tau）與陶微中子（tau-neutrino）。但這類粒子在今日宇宙中根本沒什麼作用，因為能夠創造出這類粒子的能量，只出現在大霹靂的初始瞬間爆炸中。對此，美國物理學家伊西多·艾薩克·拉比（I. I. Rabi）說：「這是誰的安排？」[13]

　　標準模型並未揭露大自然將3個基本粒子湊成一組的原因，或是為什麼基本粒子會有這樣的質量。這強烈顯示出標準模型並非大自然的終極理論，只是近似那個尚未發現的更深層理論而已。但這些缺憾並無損於一個事實：狹義相對論與量子論的原則是如此嚴謹，它們可能就決定了現實世界中相當多數的事物。愛因斯坦說：「讓我真正感興趣的是，上帝在創造世界時是否有任何選擇。」狹義相對論與量子論讓我們知道，上帝別無選擇。

如同本章一開始所說，有些人宣稱理論物理學家是幻想人士，把時間花在想像各種新奇古怪的事物上，而這些事物已經超出實驗可確認的範圍，所以無法被證實為錯。但我們周遭世界幾乎只由狹義相對論與量子論決定的這件事實，只代表了一件事：這兩個理論大部分都是正確的。所以這也意味著它們為任何物理學家創造的更深層理論設下了嚴格的限制。因此在幾乎沒有轉圜的空間之下，要發現合乎限制的理論非常困難。「幾乎每個嘗試都會失敗，」阿爾卡尼─哈米德說，「物理學家可以想到的絕大多數理論，剛誕生就被扼殺了。」

事實上，2017年時，在更深層理論的候選理論中，只有1個能夠符合狹義相對論與量子論的雙重限制：「弦論」（string theory）[14]。

弦真是個美妙的東西

弦論，又稱為超弦理論，是在試圖了解大自然強核力時所產生的理論。強核力可不是隨隨便便就被稱為「強」核力的。

---

13 這位波蘭裔的諾貝爾獎得主，在1936年發現電子的重量版「渺子」時，真的說了：「這是誰的安排？」

14 在發現比愛因斯坦重力論更深層的理論上，弦理論有個較為保守的對手：「迴圈量子重力論」（loop quantum gravity）。請參考 Lee Smolin, *Three Roads to Quantum Gravity*, Basic Books, London, 2002。迴圈量子重力論描述了重力在量子尺度的情況，但完全沒有試圖整合重力與其他力量。此外，目前也還沒有人可以證實此一理論在宏觀尺度中可以導向廣義相對論。

　　弦論解決了物理學上兩大概念的潛在衝突。「還原論」（Reductionism）主張：世界的現象是數種基本結構元件相互作用的結果。在標準模型中，這些結構元件為夸克與輕子。而「統一論」（Unification）則堅信：大自然的不同現象其實是某種更基本現象的不同面向而已。舉例來說，電場與磁場不過是「一個」電磁場的不同面向罷了。

　　符合還原論邏輯的結論應該會顯示，世界是由單一種結構元件所創建。但若是這樣一種單一結構元件真的就是根本基礎，也就是沒有可以重新排列的內在組成，那它要如何產生不同的面向？答案是：若它是點狀的粒子就行不通，但若它是具有多種不同震動模式的一維弦就可以了。弦剛好就避免了統一論與還原論之間的衝突。

　　基本粒子不只帶有不同的質量（可用弦的震動速率來模擬），它們還會經由基本力量相互作用。愛因斯坦於1915年展現，「重力」不過是四度扭曲時空的表現而已。1920年代，西奧多・卡魯札（Theodor Kaluza）與奧斯卡・克萊因（Oskar Klein）這兩位物理學家，分別更一進步地延伸了愛因斯坦的想法。他們表示，若有另一個維度的空間存在讓時空變成5個維度，重力與電磁力都會成為扭曲時空的結果。這個額外的空間維度並不明顯。這兩位物理學家宣稱，我們不會注意到這個空間，因為它不像東西、南北、上下這類維度如此巨大，它是個捲曲起來比原子還要小的維度。

　　在卡魯札與克萊因的構想中，即使在正常空間裡是呈靜止狀態的次原子粒子，在額外維度中也會如同在轉輪中的發狂倉鼠那般，永無止境地繞個不停。事實上，額外維度中的動量就是電荷。電荷之所以會是某基本量的倍數，或之所以會「量子化」，就是因為粒了會像波那般作用，而且就只有波長符合額外維度周長1倍、2倍、3倍等等的波被容許存在。這類波所帶有的動量（電荷），必定是最長存在波之動量（電荷）的倍數。

　　卡魯札與克萊因在1920年代提出他們概念時，大自然中的強核力與弱核力尚未被發現，這兩種力量只能在原子核中極小的範圍作用。然而，運用更多額外的空間維度來模擬這些其他力量的作用，倒是很有可能，這些維度捲曲起來是如此微小，以至於我們根本不會注意到。事實上，總共需要有6個額外的空間維度。現代弦論的假設弦線也因此是在10個維度的時空中震動：9個維度的空間與1個維度的時間。

　　「愛因斯坦現身說：『嗯，空間與時間可以被扭曲。這就是重力，』」紐約哥倫比亞大學物理學家暨科普作家布萊恩・葛林（Brian Greene）說，「現在弦論出現說：『是的，重力、量子力學、電磁力都是同一套，但只有在宇宙具有我們看不到的更多維度時才說得通。』」[20]

20　'The mind-blowing concepts of one of the world's most brilliant theoretical physicists', Australian Broadcasting Corporation, 25 February 2016.

1990年代中期，劍橋大學的保羅‧湯森（Paul Townsend）與倫敦瑪麗皇后大學的克里斯‧赫爾（Chris Hull）表示，這5種弦不過是了解超對稱性的不同方式，也就是單一「十一維度理論」的不同版本而已。維頓將此命名為「M理論」，但並未提到M代表什麼。「十一維M理論是個巨傘論，」倫敦瑪麗皇后大學的大衛‧博曼（David Berman）說。

那個10^{500}弦解答是M理論的解答。除了它們之間可能都有關聯之外，它們集合起來就像是個綜合宇宙，或說是個「多重宇宙」。科幻作家亞瑟‧查理斯‧克拉克（Arthur C. Clarke）的這段文字就好像是在寫弦真空：「許多奇怪的宇宙像泡泡般漂浮在時間洪流中。[21]」

物理學家會比較偏好一個可以精準預測基本粒子特性與基本力量的理論。但他們必須先解答這個問題：為何我們會處在目前所在的這個弦真空當中，而不是處在10^{500}個其他弦真空當中。「我們其實還不知道答案，」阿爾卡尼—哈米德說。

我們得要有方法能計算出存在宇宙的數量與電子質量的每個可能數值，以及電磁力的所有可能強度……等等。最常見的宇宙應該是其次原子粒子與我們宇宙中的次原子粒子具有差不多的質量，而其基本力量的強度也跟我們的差不多。如果我們發現自己所處的宇宙非常特別且獨一無二，這就成了令人費解的情況，弦論也會出現大麻煩。「問題在於沒有人可以想出要怎麼計算宇宙，」阿爾卡尼—哈米德說。

　　博曼對此並不太擔心。「要放棄探索弦論的數學結構還太早，」他說，「我們離真正的物理學還太遠。」

　　儘管弦論還有這麼多的難題，但全球廣大物理學界仍著迷於其諸多的迷人特性，並積極熱情地投入其中。更重要的是，此理論包含了弦的2自旋震動迴圈。如同之前所提，2自旋粒子是產生「重力子」的處方，而重力子即是載有重力的粒子。更何況，2自旋粒子存在必然會產生的結果就是廣義相對論。我們也已經提到，物理學的聖杯就是量子論與愛因斯坦重力論的統一。弦論是個自然而然就被納入廣義相對論的量子理論，這是相當吸引人的一件事。

　　但對博曼而言，弦論如此吸引人的原因，不只在於它包含了量子重力論，還在於它的內容豐富。博曼將弦論與牛頓的重力論做了比對。「（牛頓的重力論）不只解釋了一件事情，而是許多事情 —— 行星運轉、海洋潮汐、分點進動等等 —— 它帶給物理學家永遠可以有效運用的東西，」博曼說，「弦論也一樣，我們離完成弦論的探索還遠得很。還有漫漫長路要走。」

　　截至1985年為止，弦論在物理學中仍身陷困境，只有堅信其內容的少數狂熱學者投入研究。但在加州理工學院的約翰·施瓦茨（John Schwarz）與倫敦瑪麗皇后大學的麥克·格林

21　Arthur C. Clarke, 'The Wall of Darkness', *The Other Side of the Sky*, Gollancz, London, 2003.

標準模型中我們所熟悉的基本粒子就屬於前者，都受到3膜的限制。而重力子則是單獨的弦迴圈，可以在膜中自由移動，探索十維的「大範圍體積」。

這是物理學上最大的謎團之一，也為何以重力比自然界其他基本力量微小許多，提供了一個直覺上的解釋。如同之前所指出的，氫原子中的質子與電子間之重力，為兩者電磁力的一億億億億億分之一。1999年，哈佛大學的麗莎・藍道爾（Lisa Randall）與馬里蘭大學學院市分校（University of Maryland in College Park）的拉曼・桑壯（Raman Sundrum）發現額外的空間無需捲曲到比原子還小的程度。若是以某種特別的方式捲曲，它們可以像宇宙這麼大，卻完全不會受到注意。[22]

在藍道爾及桑壯設想的情況中，電磁力這類非重力的載力子相對較強的原因在於：它們被限制在3膜之中。而另一方面，重力子則會滲出至整個十維的大範圍體積，所以作用就被稀釋了。

雖然在解釋重力何以微弱的問題上，這是個吸引人的直覺解釋，但目前尚未有證據顯示有我們看不見的巨大空間維度存在。弦論雖然可以對現行宇宙現象給出有力解釋，但對於能夠產生精準可驗證預測的實際解釋就不太行了。

如果我們的宇宙真的是漂浮在十維時空中的三維島嶼，那麼顯然會讓人懷疑：這是唯一如此的島嶼嗎？如果它不是唯一的島嶼，那麼我們的3膜宇宙會跟其他的3膜相撞嗎？這確實就

是物理學家尼爾‧圖洛克（Neil Turok）領導的研究團隊對於大霹靂所提出的創新見解；圖洛克本身是加拿大滑鐵盧普里美特理論物理研究所（Perimeter Institute）所長。

在這樣的構想中，兩個完全真空的3膜會在第五個維度彼此相遇（第四個維度是時間）。想像它們就如同2片麵包皆以平坦的那面接近。這兩個3膜會穿過彼此，但由於它們在第五維度中具有巨大動能，所以在它們接觸的瞬間，能量必須要有地方可去。能量會在膜上創造出次原子粒子的質能，並將膜加熱至熾熱高溫。簡單來說，這創造出了熾熱的大霹靂。

在圖洛克的構想中，在每個膜上的火球膨脹並冷卻，星系從塵埃中生出與飛散，最終將物質稀釋到每個膜在本質上再度呈現真空的狀態。第五維度裡的真空會像彈簧般作用，最終將每個膜再度拉在一起。它們碰撞並不斷重複循環。一次又一次的重複……成為一長串可以延伸回溯至過去、也能往前伸展到未來的霹靂，而我們的大霹靂不過是這一長串霹靂中的一個。

「循環宇宙」與標準宇宙學中所設想的情況大不相同，在標準宇宙學中，宇宙在初始瞬間爆炸時，顯然會經歷一段猛烈且呈指數級擴展的「膨脹」。「如果宇宙突然冒出存在且以指數膨

---

22 Lisa Randall and Raman Sundrum, 'Large mass hierarchy from a small extra dimension', *Physical Review Letters*, vol. 83 (17), 1999, p. 3,370 (http://arxiv.org/pdf/hep-ph/9905221v1.pdf); Lisa Randall, *Warped Passages: Unravelling the Mysteries of the Universe's Hidden Dimensions*, HarperCollins, New York, 2006.

脹，就會產生穿越時空的重力波，」圖洛克說，「重力波會填滿宇宙，它是膨脹本身的一種回音形式。」而另一方面，循環宇宙則缺少了撼動時空所需的超猛烈情況，也就無法預測出早期宇宙產生的那些重力波了。

循環宇宙純屬推測。弦論本身並非一個充分的理論。在解釋時空與宇宙起源的更深層理論中，弦論也許只占一小部分，或可能根本就毫不相干。但弦論學家覺得自己走在正確的軌道上，也因此受到鼓舞。其中一個理由當然是因為，弦論是目前檯面上唯一的理論 —— 雖然用盡努力，但仍然沒有人能夠發現另外一個可以統一所有基本力量的「萬有理論」。而另一個令弦論學家樂觀以對的理由則是，弦論具有潛力可以解決與宇宙中最神祕物件相關的矛盾，那個物件就是：黑洞。

黑洞

愛因斯坦的重力論預測，物質在黑洞的非常核心之處會塌陷至密度無限大，如此一來，我們已知的物理學便會在黑洞核心處完全崩壞。但在黑洞之中，挑戰我們對現實認知的，可不是只有奇異點而已。

如同之前所提，「事件視界」是一層圍繞在奇異點周圍的想像膜，標記出光與物質落入後無法再回頭的那個點。當人們談及黑洞的大小，他們所指的是視界的大小。

　　1974年，霍金宣稱黑洞實際上不是黑的，此舉震驚了物理學界。他在思考黑洞附近的量子過程後，下了這個結論。請記得海森堡不確定性原理容許粒子―反粒子配對可以無中生有。這類「虛擬」粒子只會短暫存在並互相摧毀，在一瞬間消失。但霍金知道，在黑洞的事件視界外圍，上演著完全不同的故事。

　　在一個新生的粒子―反粒子配對中，其中一個粒子會向外逃逸，永遠逃離黑洞的重力，而另外一個粒子則會落下穿越事件視界，進到黑洞的內部。一旦身陷其中，粒子就無法再次現身與孿生夥伴一同毀滅。逃逸的粒子會從虛擬的暫存狀態，進階成為長存的真實粒子。

　　霍金知道這類過程在黑洞的視界周遭持續發生。當粒子大量向外流動，它們會因「霍金輻射」（Hawking radiation）而產生光亮。

　　當然，黑洞的明確定義之一，就是裡頭的所有物質都無法逃出。霍金輻射當然也不是從黑洞內部出來的，因為它本來就不在裡面。相反地，它剛好誕生在事件視界邊緣的真空之中。

　　產生霍金輻射的能量必定來自某個地方，唯一的源頭就是黑洞本身的重力能。當粒子們持續流竄至太空中，黑洞的重力場會減弱，造成它逐漸縮小或「蒸發」。

　　黑洞越小，霍金輻射就越強。[23] 對於在大多數星系核心處所發現的恆星質量黑洞與超級質量黑洞而言，向外射出的粒子群是如此微不足道，所以這些黑洞的壽命會遠遠超過宇宙現在

中。這讓事件視界類似於信用卡上的全像式影像。就如同一隻青蛙隨身帶著之前蝌蚪的全像圖,黑洞也帶著自己前身恆星的全像圖。

若全像圖只能應用在黑洞這類深奧事物上,那麼它就只是個奇特的新奇事物了。但特霍夫特與色斯金認為,全像式概念不只對黑洞有影響,也許對整個宇宙都有深遠影響。

全像式宇宙

宇宙就跟黑洞一樣,都被視界所包圍。宇宙的「光視界」(light horizon)並非宇宙的邊界,而是定義成「可觀察到之宇宙」的邊界 —— 宇宙似乎可以永無止境地延伸下去。在視界中的所有恆星與星系,從宇宙誕生的138.2億年前算起,其亮光有足夠時間可以傳送到地球。而在視界之外的所有恆星與星系,其亮光還沒有足夠時間傳送到地球,這些亮光都還在路途上。[28]

特霍夫特與色斯金認為,就像描述三維恆星的資訊刻寫在黑洞的二維視界上,描述三維宇宙的資訊也可能寫在宇宙視界的二維全像圖中。這個概念有數個可能的說法。其中之一是,基於某些未知的原因,宇宙竟然可以用大一點的維度來說明。這已經夠瘋狂了,卻還有另一個更瘋狂的說法:我們其實住在視界的表面,卻以為自己身在視界內部。不過還有另一個比這個更加瘋狂的說法:我們的三維宇宙實際上是周遭視界所屬的

二維全像圖投影出來的結果，在這種情況下，你我每個人其實
都是全像投影！

　　以這種類比的方式來推論，根本不是嚴謹的物理學。而且
從推測黑洞特性進而推測宇宙特性，這個跳躍也太大了。但在
1998年，馬爾達西那（Maldacena）發表的一篇論文不但支持我
們居住在「全像式宇宙」的概念，也在物理學界點燃了一把火。

　　「共形場論」（Conformal field theories）是與量子論及狹義
相對論相容的一類理論（標準模型〔Standard Model〕也是其中
的一種）。馬爾達西那想像有個具有極大主體的五維宇宙，其
中充滿了隨著愛因斯坦重力論翩翩起舞的基本粒子。然後他又
想像，如同氣球的二維表面把三維的空氣體積包起來那般，此
宇宙的四維邊界也包圍住宇宙，其中則包含著隨著共形場論翩
翩起舞的基本粒子。[29]

　　馬爾達西那「驚人」的發現在於，邊界的方程式組與主
體更為複雜的方程式組，都蘊含了同樣的資訊，也描述了相同
的物理學。換句話說，就數學上而言，內部的重力作用與邊界

28　雖然宇宙已經138.2億歲了，但宇宙光視界的距離（可見宇宙的邊緣）大約
　　是420億光年。這是因為宇宙在存在的初始瞬間爆炸中，「膨脹」得比光速
　　還要快。這並未違反相對論，因為身為宇宙事件背景的太空，能夠以任何
　　的速率膨脹。

29　Juan Maldacena, 'The Large N Limit of Superconformal field theories and
　　supergravity', *Advances in Theoretical and Mathematical Physics*, vol. 2, 1998, p.
　　231 (http://arxiv.org/pdf/hep-th/9711200.pdf) .

篇論文，此兩篇論文恰巧都於1935年發表。表面上，這兩篇論文所談到的主題截然不同，但馬爾達西那與色斯金卻認為此兩篇論文其實關係密切。

在第一篇論文中，愛因斯坦、鮑里斯・波多爾斯基（Boris Podolsky）與納森・羅森（Nathan Rosen）強調了糾纏所表現出來的量子現象，並（錯誤地）指出此類「鬼魅般的超距作用」[32]極為荒謬，他們認為這只能代表量子論有瑕疵且不完備。在第二篇論文中，愛因斯坦與羅森表示，廣義相對論容許穿越時空的捷徑存在。[33]那就是今日我們所謂的「蟲洞」，此一名稱跟「黑洞」一樣，都是由美國物理學家惠勒所命名。就像一隻蟲可以經由蟲洞這個捷徑穿越蘋果中心到達到蘋果遠端的那一面，無需沿著蘋果表面爬動才能繞過去，一個時空蟲洞也許就能讓時空旅人經由捷徑穿越宇宙。在進入蟲洞的洞口後，他們可能只需爬行幾公尺，就能從銀河系遠端的另一個出口爬出來了。

根據馬爾達西那與色斯金所示，物理學家命名為蟲洞的連結就等同於量子糾纏。換句話說，若是兩粒子經由糾纏產生連結，它們就是經由超微觀蟲洞產生有作用的結合。值得注意的是，時空中的蟲洞與量子糾纏可能只是描述同個基礎現實的不同方法而已。

如果糾纏是因為時空中微觀蟲洞的存在而產生，而這樣的蟲洞又對時空的根本存在非常重要，那麼即可預期在糾纏減少的情況下，時空的結構會受損，正如同范拉姆斯東克所發現

的那樣。「空間是由什麼所構成？」此問題的答案，也許就是量子糾纏或蟲洞。隨便你挑一個。因為根據馬爾達西那與色斯金，它們其實是同樣的基礎現象。

讓人昏頭轉向的對偶性／二象性

　　馬爾達西那證實：五維宇宙視界的「量子場論」，在視界內的空間中以廣義相論的形式表現自我。這就是同個物理狀態卻存在著極不相同描述的例子。這類「對偶性／二象性（duality）」的存在，常讓一個從某一視角無法解決的問題，從另一個視角卻可輕易解決。而事實證明，弦論就富有對偶性。

　　弦論的一個極為典型對偶性就是：物理學在極微觀的尺度與極宏觀的尺度上看起來完全一樣。事實上，「T對偶性」（T-duality）源自弦能於額外的空間維度中移動或纏繞，因此動量與卷纏可以互換。這讓物理學可以從微觀延伸至宏觀，反之亦然。

　　這種特殊對偶性在極微觀中的關鍵成效就是：重力強度這

32　Albert Einstein, Boris Podolsky and Nathan Rosen, 'Can quantum-mechanical description of physical reality be considered complete?', *Physical Review*, vol. 47 (10), May 1935, p. 777 (http://journals.aps.org/pr/pdf/10.1103/PhysRev.47.777).

33　Albert Einstein and Nathan Rosen, 'The particle problem in the general theory of relativity', *Physical Review*, vol. 48, 1935, p. 73.

尚缺一個重大的構想？

在這個非常時刻，可能會出現另外一個愛因斯坦，他擁有我們目前尚缺的構想，不僅將能夠整合一切理論，並能夠獨自掀起物理學新革命。但歷史暗示我們，一個孤獨的天才可能是不夠的。

愛因斯坦的相對論的確是孤獨天才的作品，雖然愛因斯坦本人曾說：「我不是愛因斯坦。」但阿爾卡尼－哈米德指出，物理學中的其他革命都不是只由一個人促成。舉例來說，量子論約是 20 名物理學家累積將近 25 年的心血結晶。粒子物理學的標準模型，也差不多是同樣狀況下的成果。因此，比廣義相論更深層理論的發展過程，比較可能類似上述的革命過程，而非愛因斯坦式的革命，而未來的科學史學家只會提及牛頓及愛因斯坦，卻不會再提到第三個人名。

就我們對世界的認知而言，阿爾卡尼－哈米德期待出現一個比 1920 年代的量子革命更為深層的革命。事實上，他將此與量子論的誕生、發展與成形相互比對。新世界觀出現的第一個暗示，來自於 1900 年普朗克發現量子。接著 1913 年，丹麥物理學家波耳以特別的方式運用量子來解釋原子。最後約於 1927 年，一個符合自身一致性，並建構在穩固基本原則上的量子論就被創造出來了。「我想我們目前離終極目標還有一半的路程，」阿爾卡尼－哈米德說，「按量子論進程的時間表來看，

我們目前大概是走到1917年至1918年的階段。」

尚未發現的國度

「就物理學研究而言，這是自1920年代以來最令人興奮的時刻。自古希臘學者起的每個世代都在問：『宇宙從何而來？』，以及『空間與時間是什麼？』但過去的每個世代在處理這些大哉問時，都必須先解決一大堆其他問題。目前，我們已經解決了其他問題。現在，該解決的下個問題就是那些大哉問了。」阿爾卡尼－哈米德說。

據阿爾卡尼－哈米德所言，這是基礎物理學史上的卓越時刻。我們首次擁有一個足以讓我們提出大哉問的架構，以及像大型強子對撞機這類能夠協助我們回答問題的夢幻實驗探測器。阿爾卡尼－哈米德說：「我們已經來到攀登聖母峰的基地，這頭巨獸就站在我們眼前。」

---

37 以色列雷霍沃夫魏茨曼科學研究院的莫德采·米爾格若姆（Mordehai Milgrom）相信，在十億分之一的重力加速度之下，重力會轉變成更強的形式，並不會依據平方反比定律而隨著距離快速減弱。這種修正的牛頓動力學（MOND），可運用單一方程式來描述所有螺旋星系中的恆星運轉。相較之下，要應用多種不同分布且不同數量的暗物質，才能夠解釋每個螺旋星系的恆星運轉。能夠與愛因斯坦相對論相容的「修正牛頓動力學」，是由耶路撒冷希伯來大學（Hebrew University）的雅各布·貝肯斯坦（Jacob Bekenstein）所建立。請見 Jacob Bekenstein, 'Relativistic gravitation theory for the MOND paradigm' (http://arxiv.org/pdf/astro-ph/0403694v6.pdf).

國家圖書館出版品預行編目(CIP)資料

重力簡史：牛頓的蘋果如何啟發重力法則、相對論、量子論等重大物理學觀念 / 馬可士‧鍾（Marcus Chown）著；蕭秀姍譯. -- 二版. -- 臺北市：商周出版：英屬蓋曼群島商家庭傳媒股份有限公司城邦分公司發行，2023.09
面；　公分. -- (科學新視野；143)
譯自：The ascent of gravity : the quest to understand the force that explains everything.
ISBN 978-626-318-844-0（平裝）

1.CST: 力學 2.CST: 引力

332　　　　　　　　　　　　　112014166

科學新視野 143

重力簡史（長銷改版）：牛頓的蘋果如何啟發重力法則、相對論、量子論等重大物理學觀念

作　　　　者／馬可士‧鍾（Marcus Chown）
譯　　　　者／蕭秀姍
企 畫 選 書／羅珮芳
責 任 編 輯／羅珮芳

版　　　　權／吳亭儀、江欣瑜
行 銷 業 務／周佑潔、林詩富、賴玉嵐、賴正祐
總 編 輯／黃靖卉
總 經 理／彭之琬
第一事業群總經理／黃淑貞
發 行 人／何飛鵬
法 律 顧 問／元禾法律事務所王子文律師
出　　　　版／商周出版
　　　　　　　115 台北市南港區昆陽街16號4樓
　　　　　　　電話：(02) 25007008　傳眞：(02)25007759
　　　　　　　E-mail：bwp.service@cite.com.tw
發　　　　行／英屬蓋曼群島商家庭傳媒股份有限公司城邦分公司
　　　　　　　115 台北市南港區昆陽街16號5樓
　　　　　　　書虫客服服務專線：02-25007718；25007719
　　　　　　　服務時間：週一至週五上午09:30-12:00；下午13:30-17:00
　　　　　　　24小時傳眞專線：02-25001990；25001991
　　　　　　　劃撥帳號：19863813；戶名：書虫股份有限公司
　　　　　　　讀者服務信箱：service@readingclub.com.tw
　　　　　　　城邦讀書花園：www.cite.com.tw
香港發行所／城邦（香港）出版集團
　　　　　　　香港九龍土瓜灣土瓜灣道86號順聯工業大廈6樓A室　E-mail: hkcite@biznetvigator.com
　　　　　　　電話：(852) 25086231　傳眞：(852) 25789337
馬新發行所／城邦（馬新）出版集團【Cite (M) Sdn Bhd】
　　　　　　　41, Jalan Radin Anum, Bandar Baru Sri Petaling,
　　　　　　　57000 Kuala Lumpur, Malaysia.
　　　　　　　電話：(603) 90563833　傳眞：(603) 90576622
　　　　　　　Email: services@cite.my

封 面 設 計／日央設計
內 頁 排 版／立全電腦印前排版
印　　　　刷／中原造像股份有限公司
經　　　　銷／聯合發行股份有限公司
　　　　　　　電話：(02)2917-8022　傳眞：(02)2911-0053
　　　　　　　地址：新北市231新店區寶橋路235巷6弄6號2樓

■2018年3月29日初版　■2024年3月19日二版1.6刷　　　　　Printed in Taiwan
定價480元

城邦讀書花園
www.cite.com.tw

- -

請沿虛線對摺，謝謝！

書號：BU0143X　　書名：重力簡史（長銷改版）　　　編碼：

讀者回函卡

感謝您購買我們出版的書籍！請費心填寫此回函卡，我們將不定期寄上城邦集團最新的出版訊息。

線上版讀者回函

姓名：＿＿＿＿＿＿＿＿＿＿＿＿＿＿＿＿＿＿＿ 性別：□男 □女

生日：西元＿＿＿＿＿＿年＿＿＿＿＿＿月＿＿＿＿＿＿日

地址：＿＿＿＿＿＿＿＿＿＿＿＿＿＿＿＿＿＿＿＿＿＿＿＿＿

聯絡電話：＿＿＿＿＿＿＿＿＿＿ 傳真：＿＿＿＿＿＿＿＿＿

E-mail：

學歷：□ 1. 小學 □ 2. 國中 □ 3. 高中 □ 4. 大學 □ 5. 研究所以上

職業：□ 1. 學生 □ 2. 軍公教 □ 3. 服務 □ 4. 金融 □ 5. 製造 □ 6. 資訊

　　　□ 7. 傳播 □ 8. 自由業 □ 9. 農漁牧 □ 10. 家管 □ 11. 退休

　　　□ 12. 其他＿＿＿＿＿＿＿＿＿＿＿＿＿＿＿＿＿＿＿＿＿

您從何種方式得知本書消息？

　　　□ 1. 書店 □ 2. 網路 □ 3. 報紙 □ 4. 雜誌 □ 5. 廣播 □ 6. 電視

　　　□ 7. 親友推薦 □ 8. 其他＿＿＿＿＿＿＿＿＿＿＿＿＿

您通常以何種方式購書？

　　　□ 1. 書店 □ 2. 網路 □ 3. 傳真訂購 □ 4. 郵局劃撥 □ 5. 其他＿＿＿

您喜歡閱讀那些類別的書籍？

　　　□ 1. 財經商業 □ 2. 自然科學 □ 3. 歷史 □ 4. 法律 □ 5. 文學

　　　□ 6. 休閒旅遊 □ 7. 小說 □ 8. 人物傳記 □ 9. 生活、勵志 □ 10. 其他

對我們的建議：＿＿＿＿＿＿＿＿＿＿＿＿＿＿＿＿＿＿＿＿＿

＿＿＿＿＿＿＿＿＿＿＿＿＿＿＿＿＿＿＿＿＿＿＿＿＿＿＿＿＿

＿＿＿＿＿＿＿＿＿＿＿＿＿＿＿＿＿＿＿＿＿＿＿＿＿＿＿＿＿